C000197846

Jeanne d'Arc et le siège d'Orléans. Avec un plan de la ville d'Orléans lors du siège de 1428.

Ed Colas de la noue

Jeanne d'Arc et le siège d'Orléans. Avec un plan de la ville d'Orléans lors du siège de 1428.
Colas de la noue, Ed
British Library, Historical Print Editions
British Library
1896
64 p. ; 8º.
09225.k.4.

The BiblioLife Network

This project was made possible in part by the BiblioLife Network (BLN), a project aimed at addressing some of the huge challenges facing book preservationists around the world. The BLN includes libraries, library networks, archives, subject matter experts, online communities and library service providers. We believe every book ever published should be available as a high-quality print reproduction; printed on-demand anywhere in the world. This insures the ongoing accessibility of the content and helps generate sustainable revenue for the libraries and organizations that work to preserve these important materials.

The following book is in the "public domain" and represents an authentic reproduction of the text as printed by the original publisher. While we have attempted to accurately maintain the integrity of the original work, there are sometimes problems with the original book or micro-film from which the books were digitized. This can result in minor errors in reproduction. Possible imperfections include missing and blurred pages, poor pictures, markings and other reproduction issues beyond our control. Because this work is culturally important, we have made it available as part of our commitment to protecting, preserving, and promoting the world's literature.

GUIDE TO FOLD-OUTS, MAPS and OVERSIZED IMAGES

In an online database, page images do not need to conform to the size restrictions found in a printed book. When converting these images back into a printed bound book, the page sizes are standardized in ways that maintain the detail of the original. For large images, such as fold-out maps, the original page image is split into two or more pages.

Guidelines used to determine the split of oversize pages:

• Some images are split vertically; large images require vertical and horizontal splits.
• For horizontal splits, the content is split left to right.
• For vertical splits, the content is split from top to bottom.
• For both vertical and horizontal splits, the image is processed from top left to bottom right.

Ed. COLAS DE LA NOUE

ANCIEN MAGISTRAT

JEANNE D'ARC

ET

LE SIÈGE D'ORLÉANS

Avec un plan de la ville d'Orléans lors du siège de 1428

ANGERS   ORLÉANS

GERMAIN & G. GRASSIN   LIBRAIRIE HERLUISON
40, rue du Cornet et rue St-Laud   17, rue Jeanne d'Arc

1896

09225 R 4

JEANNE D'ARC

ET

LE SIÈGE D'ORLÉANS

Ed. COLAS DE LA NOUE

ANCIEN MAGISTRAT

JEANNE D'ARC

ET

LE SIÈGE D'ORLÉANS

Avec un plan de la ville d'Orléans lors du siège de 1428

ANGERS	ORLÉANS
GERMAIN & G. GRASSIN	LIBRAIRIE HERLUISON
40, rue du Cornet et rue St-Laud	17, rue Jeanne d'Arc

1896

Sous le coup des revers infligés à nos armes, notre patriotisme s'est ému, mais il n'a pas désespéré de la revanche : il
y a quatre siècles, n'avons-nous pas triomphé dans une lutte
plus longue et plus décisive ? Au moment où la France
envahie paraissait vaincue, l'amour de la patrie enfanta des
prodiges, une ville héroïque soutint un siège de plus de sept
mois. Repoussant chaque jour les assauts de l'ennemi, les
habitants d'Orléans avaient juré de s'ensevelir sous les ruines
de leurs forteresses plutôt que de se rendre ! Leur persévé-
rance sauva le pays [1] ; Jeanne d'Arc, en se jetant dans les
murs de l'antique cité qui avait déjà vu fuir Attila, ramena
la victoire autour des étendards de la France, chassa les
Anglais et, plaçant à Reims la couronne sur la tête de
Charles VII, elle restaura le royaume !

En retraçant les diverses phases du siège d'Orléans, nous
montrerons ce que peut la foi dans la sainteté de la cause,
quand on ne recule devant aucun sacrifice et qu'on préfère
la mort à la soumission et à la honte.

[1]   Pacience toujours travaille
        A aymer Dieu pour secourir.
    MARTIAL D'AUVERGNE, *Les Vigilles de Charles VII*, 1, p 36.

JEANNE D'ARC

ET

LE SIÈGE D'ORLÉANS

I

État de la France

Écarté du trône de France par application de la loi salique [1], contraint en outre de rendre, en présence de la noblesse des deux royaumes, hommage lige à Philippe VI de Valois, son suzerain et son rival couronné, Édouard III, roi d'Angleterre, avait dissimulé son ressentiment. Mais dès qu'il crut rencontrer une alliance avec les révoltés des Flandres et de l'Artois, il leva le masque et publia une déclaration, par laquelle il fit savoir que « le Royaume de France lui étant dévolu par la mort de Charles le Bel, selon la volonté de Dieu, à laquelle il ne voulait point s'opposer, il était résolu d'en prendre le gouvernement ». Victorieux à Crécy, il s'empare de Calais ; son fils, le Prince Noir, défait le roi Jean à Poitiers, l'envoie prisonnier à Londres, et le traité de Brétigny confirme les conquêtes de l'Angleterre. Édouard III mourut en 1377, laissant le trône à son petit-fils Richard, fils du Prince Noir. Placé sous la tutelle de ses oncles, ce prince fut déposé, puis massacré à la Tour de Londres ; son cousin germain, le duc de Lancastre, usurpa la couronne avec la complicité du Parle-

---

[1] Par sa mère Isabelle de France, Édouard III était le petit-fils de Philippe le Bel, tandis que Philippe de Valois n'était que son petit-neveu ; mais la loi Salique n'admettait pas la descendance par les femmes.

ment, et prit le nom d'Henri IV. Le nouveau roi, dans le but
de faire absoudre son usurpation par la gloire, avait résolu
d'envahir la France de nouveau ; mais il mourut avant d'avoir
réalisé son projet : on prétend que, touché par le remords, il
engagea son fils à rendre la couronne à la maison d'York.
Henri V dédaigna ces conseils suprêmes, débarqua à Calais
et remporta, le 25 octobre 1415, la brillante victoire d'Azincourt, bataille fatale, dans laquelle périrent les plus vaillants
chevaliers.

La rivalité des maisons d'Orléans et de Bourgogne, la
révolte de Charles le Mauvais, roi de Navarre, facilitaient, par
les divisions qu'elles créaient en France, l'œuvre de l'Angleterre. Sous Charles V, les exploits de Du Guesclin et du
connétable de Clisson rendirent un éclat à nos armes. Mais
sous Charles VI de nouveaux troubles s'élèvent : le duc
d'Orléans, frère du Roi, est assassiné en 1407 ; Isabeau de
Bavière, femme de Charles VI atteint de folie, oubliant ses
devoirs et méconnaissant même les droits de la nature, s'unit
à Philippe le Bon, duc de Bourgogne, irrité de l'assassinat de
son père, Jean sans Peur, à Montereau, s'empare de la
régence et conclut, le 21 mai 1420, avec le roi d'Angleterre,
le traité de Troyes. Conformément aux dispositions de ce
traité, Henri V épousa Catherine de France, fille de Charles VI ;
il devait, en outre, à la mort du Roi, réunir la couronne de
France à celle d'Angleterre [1].

Henri V mourut le 31 août 1422 et Charles VI le 21 octobre
suivant ; on transporta le roi de France à Saint-Denis et, sur
son cercueil, la voix du héraut fit retentir ce cri dont l'écho
troubla nos vieux rois dans le silence de leurs tombes :
« Dieu doint bonne vie à Henri de Lancastre, roi de France
et d'Angleterre ! » Celui à qui la politique infâme d'Isabeau
de Bavière, au mépris du droit national, conférait les deux
couronnes, Henri VI, était un enfant de neuf mois, fils

---

[1] Le traité de Troyes avait stipulé que chaque royaume, sous un même
souverain, conserverait ses droits, libertés, coutumes, usages et lois.
Bedford avait habilement fait insérer cette clause pour provoquer les
défections ; il favorisait le commerce et l'industrie et maintenait les pri-
vilèges de l'Université.

d'Henri V et de Catherine de France, placé sous la régence de son oncle le duc de Bedford[1].

Une partie de la France lui obéissait, le drapeau anglais flottait sur les murs de Paris, les léopards avaient étouffé les lys ; l'Université de Paris s'était inclinée : flattée même des égards habiles que le Régent lui prodigue, elle s'abaissera, lors du procès de Jeanne d'Arc, au dernier degré de la servilité et de l'humiliation. Depuis cinquante ans, les campagnes, ravagées par les bandes, plient sous la plus effroyable misère ; on ne cultive plus le sol, les horreurs de la faim s'ajoutent aux horreurs de la guerre ; la peste, pire que la famine, emporte cinquante mille personnes dans la ville de Paris : « les villages brûlés, les églises violées ; des lueurs d'incendie partout et des cris de mort ; le désert et le chaos reprennent leur empire dans ce beau paradis de la terre de France ; à la place des moissons, les ronces et les halliers ; les bêtes sauvages sortent le jour et la nuit pour aller prendre leur proie à côté des berceaux où les enfants mouraient sur le sein qui les avait portés[2] ».

Et ce peuple qui n'a plus la force de souffrir, s'abandonne au délire du désespoir, il danse dans les cimetières, pris d'une gaieté fébrile. Vers cette époque la *Danse macabre* est importée des bords du Rhin, on court à Paris au cimetière des Innocents pour y voir, sur les tombes béantes, danser le squelette de la mort[3].

Maîtres de Paris par la profanation d'Isabeau de Bavière, les Anglais occupent la Normandie, la Picardie, la Champagne, le Maine ; arrêtés un instant à Baugé par La Fayette et le sire de Fontaine, ils menacent la Beauce, la Touraine, et se disposent à marcher sur le Berry, l'Auvergne et Lyon. La France, disait Alain Chartier, était comme la mer où chacun avait autant de seigneuries comme il avait de force. Il n'y a plus de droit, les garnisons se rendent sans se défendre, les plus grands sont les moins fidèles. Plusieurs profitent des

[1] Jean de Lancastre, duc de Bedford, fils d'Henri IV, roi d'Angleterre, et marié à Anne de Bourgogne, sœur de Philippe le Bon.
[2] BAUNARD, *Panégyrique de Jeanne d'Arc*, 8 mai 1868.
[3] LAROCHE, *Panégyrique*, 8 mai 1883.

troubles qui agitent le royaume pour satisfaire leurs rancunes ; le maréchal de Severac menace d'envahir le Languedoc si le Roi ne paie pas ce qu'il réclame ; le comte de Foix chasse l'évêque de Béziers de son palais épiscopal et s'y maintient contre les ordres du Roi ; le duc de Bretagne s'allie aux Anglais ; le duc de Bourgogne oublie que le chef de sa race s'est battu à Poitiers à côté de Jean le Bon : ceux qui devaient mourir pour la patrie s'unissent à l'ennemi, près de l'accabler sous des armes destinées à la défendre.

On dit qu'à son lit de mort Charles V se fit présenter deux couronnes, la couronne d'épines et la couronne royale. Après avoir vénéré l'une, s'adressant à l'autre : « Ô couronne de France, dit-il, précieuse par le mystère de justice que tu renfermes en toi, mais couronne douloureuse pour les coups que tu caches, si l'on te pouvait connaître, on te laisserait tomber, plutôt que de ceindre ton bandeau et de s'en couronner [1]. »

Charles VII sentait encore plus que son aïeul le poids de la couronne. Réfugié à Chinon, où il avait convoqué les trois Ordres du royaume, il ne cessait de réclamer des subsides, car son trésor était vide : « Tant de la pécune du Roy que de la mienne, disait Bouligny, son trésorier, il n'y avoit en tout que quatre escus » [2]. Lorsque La Hire et Xaintrailles vinrent le voir, il ne put leur offrir que deux poulets et une queue de mouton [3]. On refusait de lui faire crédit : on rapporte même, dans une chronique, qu'un marchand, lui essayant des houzels, les lui retira parce qu'il ne pouvait pas payer [4].

[1] César Cantu, *Histoire universelle*, XII, 203.

[2] *Procès de réhabilitation* : Déposition de la dame de Bouligny.

[3]
  Ung jour que La Hire et Poton
  Le vindrent veoir pour festoiement,
  N'avoient qu'une queuë de mouton
  Et deux poullets tant seulement.

Martial d'Auvergne, *Les Vigilles de Charles VII*, I, 56.

[4] « Et ay autrefois ouye dire qu'il fut en telle pauvreté, pour le temps qu'il se tenoit à Bourges, que ung couvrexier (cordonnier, dans le patois lorrain) ne luy volt mie croire une paire de houzel ; et qu'il en avoit chaussez ung, et pour tant qu'il ne le pehut payer contant, il luy redechaussit ledict houzel, et luy convint reprendre ses vielz houzel ». Le doyen de Saint-Thibaud de Metz, *Tableau des Rois de France*. Quicherat, IV, p. 325.

Il avait cependant toujours en vue la conquête du royaume, loin de s'abandonner au plaisir pour oublier sa détresse, comme l'ont prétendu des historiens que l'on croirait à la solde bourguignonne : l'influence d'Agnès Sorel à la cour, sur laquelle Voltaire a étayé ses infamies, est postérieure de plusieurs années au siège d'Orléans [1]. Aussi avec quelle joie celui que le peuple n'appelle encore que le Dauphin, parce qu'il n'est pas sacré, mais qu'il aime parce qu'en lui s'incarne la patrie, obtient des États, au mois d'octobre 1428, une aide de quatre cent mille livres [2]. Il enverra au siège d'Orléans ses capitaines les plus expérimentés, son propre chirurgien, Jean de Jondoigne, pour soigner les blessés, et leur remettra des sommes importantes [3].

[1] Agnès Sorel n'arriva à la Cour que vers 1444; Charles VII et sa femme Marie d'Anjou vécurent pendant vingt ans étroitement unis et eurent douze enfants. DE BEAUCOURT, *Histoire de Charles VII*, t. III, chap. XI.

[2] PICOT, *Histoire des États-Généraux*, I, 313. Il est toutefois douteux que cette somme, payable dans un délai de six mois, put être intégralement recueillie; en outre, le produit des Aides était, la plupart du temps, employé au paiement des dépenses déjà faites. Pour les besoins urgents, on était obligé de recourir à des emprunts : on empruntait aux villes, à l'Université d'Angers, à des marchands, aux conseillers du trône, Louvet, La Trémoille, La Fayette, l'archevêque Renauld de Chartres, le duc d'Alençon, Bouligny, etc. Quand on avait épuisé tous les moyens, on engageait les joyaux de la couronne et les terres du domaine. Ainsi, au commencement de novembre 1428, Charles VII ordonne aux habitants de Tours de payer 600 l. à La Hire pour la défense d'Orléans; le 15 janvier 1429, Bouzon de Fages est envoyé à Chinon et à Angers pour emprunter 8.000 l. pour la défense d'Orléans; La Trémoille prête 10.000 l. pour subvenir aux dépenses du siège.

LOISELEUR, *Comptes des dépenses faites par Charles VII pour secourir Orléans pendant le siège de 1428.*

DE BEAUCOURT, II, 632.

[3] SOMMES VERSÉES AUX CAPITAINES. — *Septembre* : 1.999 écus d'or et 3.124 livres payés, à Orléans et à Chinon, aux capitaines; 150 écus d'or et 114 livres à La Hire. *Octobre* : 1.293 l. à Gaucourt; 390 écus d'or à des capitaines envoyés à Orléans; 100 livres à Graville, venu d'Orléans vers le Roi; 370 livres aux capitaines écossais employés à Orléans; 1.200 l. à Gaucourt pour la garnison; paiement aux lieutenants des compagnies pour les dédommager de l'insuffisance de leur solde; 2.352 l. distribuées, à Blois, aux gens de guerre envoyés à Orléans; 2.500 l. envoyées par Pierre de Fontenil, écuyer d'écurie du Roi. *Novembre* : 6.050 l. distribuées par Fontenil; 100 écus d'or et 825 l. à La Hire; 1.200 à Lesgo et Termes, envoyés à Orléans. *Décembre* : 3.106 l. pour la garnison. *Janvier 1429* : 5.130 livres. DE BEAUCOURT, *Histoire de Charles VII*, II, 174, note.

Parmi ceux qui sont restés fidèles, le duc Charles d'Orléans, fils de Louis, assassiné, et de Valentine de Milan, s'est enrôlé à vingt-quatre ans sous la bannière du roi de France ; il a combattu brillamment à Azincourt ; mais la fortune des armes lui a été contraire et, depuis cette sanglante journée, captif en Angleterre, il ne peut concourir que par les revenus de son apanage à la défense du pays. On a lieu de supposer que les Anglais respecteront cet apanage : envahir les terres d'un prisonnier est une félonie que le droit féodal ne saurait autoriser. La Papauté proclame qu'on n'attaque pas une ville dont le maître est retenu captif. Mais l'Église, déchirée par le schisme d'Occident, ne peut faire entendre sa voix [1]. Par les charmes de son esprit, le duc d'Orléans s'est créé en Angleterre de puissantes relations, les grands seigneurs le recherchent, rendent hommage à sa bravoure et applaudissent ses ballades. Aussi les Orléanais espèrent que les Anglais, qui prolongent la captivité de leur duc contre les règles ordinaires, au lieu de lui rendre la liberté sous la promesse d'une rançon, comme ils le feront pour le duc d'Alençon, ne porteront pas la guerre sur ses domaines [2]. Le prévôt d'Orléans, Alain du Bey, envoie, en 1426, une délégation pour « pourchasser *l'abstinence* » ; le duc confère avec ses conseillers Mortemer [3], Hugues de Saint-Mars, gouverneur de Blois, et Perrier ; la ville vote huit cents écus pour leur voyage ; des instances sont faites près de Thomas de Montagu, comte de Salisbury, désigné pour commander une nouvelle armée d'invasion ; on promet à Salisbury un joyau de six mille écus d'or. Quelque temps après, le comte de Dunois, frère naturel du duc, lieutenant-général du Roi pour l'apanage, rédigera une lettre mentionnant un accord conclu avec Suffolk de *l'abstinence de guerre* pour les pays,

[1] Charles V avait pensé qu'il valait mieux pour lui un Pape français, une sorte de patriarche dont il disposât. Cette politique lui fut amèrement reprochée. On considéra tous les malheurs qui suivirent, la folie de Charles VI, la victoire des Anglais, comme une punition du Ciel.
MICHELET, *Histoire de France*, III, 429. VALLET DE VIRIVILLE, *Histoire de Charles VII*, II, p. 31.
[2] Le duc d'Orléans resta vingt-cinq ans prisonnier en Angleterre et dut payer l'énorme rançon de cent vingt mille écus d'or.
[3] Robert le Maçon, baron de Trèves, en Anjou, membre du Conseil du Roi, avait épousé Jeanne de Mortemer.

duché et comtés d'Orléans, Blois, Dunois et terres enclavées ; le héraut Orléans et le poursuivant Embleville publieront l'*abstinence* ; mais le héraut d'Angleterre ne paraîtra pas : la proposition, acceptée d'abord, dit-on, par Salisbury, fut repoussée par le Régent et le Conseil [1].

En 1427, Richard de Beauchamp, comte de Warwick, met le siège devant Montargis ; cette expédition tourna d'ailleurs à sa honte ; Montargis fut conservé à la couronne par La Hire et Gaucourt.

L'année suivante, au mois de juillet, le comte de Salisbury quittait l'Angleterre : « C'était, dit Monstrelet, un homme expert et très renommé en armes » [2]. De Rouen, il se dirigea sur Paris où, dans un Conseil qui dura plusieurs jours, les diverses phases de l'expédition furent précisées. Le Régent, craignant que la résistance d'Orléans permît à Charles VII d'organiser une armée, préférait harceler le Roi et le forcer à se retirer au-delà de la Loire ; au besoin, il aurait dirigé l'armée sur l'Anjou, qui lui avait été accordé à titre d'apanage, afin de compléter ses conquêtes par la prise d'Angers, resté au pouvoir de la reine de Sicile [3]. Salisbury préférait frapper un grand coup et prendre Orléans, dont la conquête lui assurerait la possession du cours de la Loire et mettrait à sa merci le sud de la France. Son avis prévalut ; mécontent, Bedford resta à Paris.

Salisbury avait reçu six mille hommes de la couronne d'Angleterre ; les forces des Anglais en France étaient évaluées à vingt mille hommes, non compris les troupes laissées dans les garnisons. L'armée se grossit de Picards, de Normands et autres *faux français*. Sa marche, rapide comme l'ouragan, renverse tous les obstacles : Salisbury prend Nogent, Rambouillet, le Puiset, Janville, Meung, Toury, Beaugency, s'empare de Jargeau après un siège de trois jours : il place dans ces villes des garnisons anglaises. Le 5 septembre, il écrivait

[1] Vallet de Viriville, *Histoire de Charles VII*, II, 30, 31.
Quicherat. IV, 80, 286 ; V, 286. Id., *Chronique de la Pucelle*, p. 256.
[2] Monstrelet, *Chroniques*, II, 49.
[3] Boucher de Molandon et de Beaucorps, *L'armée anglaise vaincue devant Orléans*.

aux aldermen de Londres qu'il avait pris quarante places, châteaux, églises ; mais il ne se vanta pas d'avoir laissé piller le sanctuaire vénéré de Notre Dame de Cléry, « dont il fist très mal, car pour iceluy temps, il n'y avoit homme d'armes qui y osast rien prendre, qu'il n'en fust incontinent puny, comme chascun scet [1] ». Au cours du même mois de septembre, il envoya de Janville à Orléans deux hérauts, sans doute pour proposer à la ville de se rendre ; les Orléanais, au lieu de pendre ces représentants de l'ennemi, les logèrent courtoisement à l'hôtel de la Pomme, faubourg Bannier, et les renvoyèrent avec du vin qu'ils offrirent à Salisbury à titre de présent [2]. En échange de ce bon procédé, les Anglais bombardèrent la ville. Mais les Orléanais étaient prêts à les recevoir ; dès le 16 septembre ils obtenaient du comte de Dunois, lieutenant-général, qui n'était encore que comte de Porcien, mais que nous désignons dès à présent par le nom de Dunois, sous lequel il est resté populaire dans l'histoire [3], une ordonnance autorisant un emprunt à fin de « faire réparations, emparements et acheter habillements de guerre pour la tuition et défense de la ville ».

[1] *La Délivrance d'Orléans et l'Institution de la fête du 8 mai*, chronique anonyme du xve siècle.

[2] *Archives municipales de la Ville d'Orléans*, CC, 563.

[3] Il n'avait que vingt-cinq ans, et avait déjà fait huit campagnes.

II

La Résistance

Jalouse du privilège de veiller elle-même à sa défense, possédant d'ailleurs ce droit par une concession ducale de 1412, la ville d'Orléans avait toujours refusé d'appeler à son aide les gens de guerre, dont l'humeur farouche et les exigences déplaisaient aux habitants ; elle préférait ses quarteniers aux recrues indisciplinées. Sa population s'élevait à trente mille habitants, dont cinq mille en état de porter les armes : les vieillards et les étudiants de l'Université étaient exemptés du service militaire. Elle comprenait deux enceintes : la première, dont les murs primitifs de construction romaine, détruits par les Normands, avaient été relevés au ixᵉ siècle par l'évêque Gaultier, qui ranima le courage de ses diocésains et lutta contre l'invasion, présentait la forme d'un rectangle d'une étendue de seize cents pieds de l'est à l'ouest et de quatorze cents du nord au sud ; la seconde, formant le faubourg d'*Avenum*[1], avait été réunie à la ville en 1345, lorsque Philippe de Valois donna l'Orléanais en apanage à son fils Philippe : une église dédiée à saint Paul et à la Vierge, renfermait une statue miraculeuse, Notre-Dame des Miracles, devant laquelle Jeanne d'Arc viendra plusieurs fois prier[2].

L'enceinte de la ville, entourée de fossés, fermée par une muraille de dix mètres de hauteur et de deux mètres d'épaisseur, est flanquée d'un grand nombre de tours à trois étages, garnies de mâchicoulis, qui font une saillie de dix mètres environ sur les fossés ; d'après un ancien plan on en compte

[1] Appelé plus tard *Avignon ;* il y a encore à Orléans la rue d'Avignon.
[2] Cette statue fut détruite en 1562 par les protestants, qui la fendirent pour en faire du feu.

trente-cinq. La plus importante, la Tour Neuve, sur le bord de la Loire, atteint vingt-huit mètres de hauteur, sept mètres de diamètre, cinq mètres d'épaisseur de muraille ; les eaux de la Loire remplissent ses fossés. Sous Hugues Capet elle servit de prison d'état et Charles de Lorraine, le dernier carlovingien, y fut enfermé. En temps de guerre, les Procureurs de ville y couchent alternativement pour observer l'ennemi.

La Loire, qui baigne la ville, sur une longueur d'environ mille mètres, la protège contre les incursions venant du sud de la France. On traverse le fleuve sur un pont de dix-neuf arches, la première en pont-levis ; sur ce pont, des maisons avec boutiques ont été construites, les marchands les recherchent parce que les passants sont nombreux : pendant le siège on y logera des soldats. A l'extrémité du pont, sur l'avant-dernière arche, se dresse le fort des Tourelles ; la porte en est défendue par deux tours. Devant le fort, séparé par un bras de Loire qu'on traverse sur une dernière arche en pont-levis, s'étend un boulevard de soixante pieds de long sur quatre-vingts de large, environné d'un fossé où les eaux pénètrent dans les crues ; la terre de ce boulevard est consolidée par des fascines et la fraise garnie de longs pieux obliquement plantés, reliés par des planches et des chevilles de fer. Ce boulevard touche l'église des Augustins et défend l'accès de la ville du côté de la Sologne [1].

Un grand nombre d'îles facilitent le passage d'une rive sur l'autre, permettent de rallier les combattants et serviront surtout dans les derniers jours du siège à la concentration des troupes : à l'est, l'île aux Toiles, l'île aux Bœufs, la grande île Charlemagne, vis-à-vis le port Saint-Loup, donnée par l'Empereur au Chapitre de Saint-Aignan ; à l'ouest, la petite île Charlemagne, l'île de la Madeleine, l'île de sable de la

[1] On distinguait deux sortes de forts : les Bastilles, forteresses construites en bois ou en pierres et couvertes par un toit ou par une voûte, et les Boulevards, ouvrages construits en terre. Ces boulevards étaient de forme carrée, entourés de fossés, fortifiés par une fraise de pieux pointus enfoncés obliquement en terre et réunis par des planches ; les banquettes étaient garnies de canons.

Barre-Flambert, plus rapprochée du mur d'enceinte, en face la tour Notre-Dame.

On pénétrait dans cette ville fortifiée par cinq portes flanquées de deux tours : à l'ouest, la porte Renart, donnant accès au faubourg d'*Avenum* ; au nord-ouest, la porte Bannier ; au nord, la porte Parisis ; à l'est, la porte Bourgogne ; sur le pont, la porte Sainte-Catherine : plus deux poternes et un guichet murés en temps de guerre ; au sud, sur un petit port, s'ouvre la poterne Chesneau.

Depuis dix ans la ville se prépare à la résistance, elle fond des canons, fabrique des arcs, des arbalètes en acier qui lancent des flèches, achète des épées, haches, pics et maillets de plomb, amasse des pierres à canons. Tous les habitants sont contraints, à tour de rôle, sans distinction de rang ni de profession, de venir travailler aux fossés, creusés à vingt pieds de profondeur sur quarante de largeur ; la ville leur fournit hottes, pics, pioches, pelles, brouettes et une espèce de marre fendue dont se servent les vignerons, appelée *quipo*. Ceux qui ne se présentent pas sont taxés à une somme d'argent ; mais l'affluence est telle que les amendes ne dépassent pas trois cents livres. Les murs sont garnis de canons, on monte soixante-et-onze pièces de calibres inégaux sur les tours et murailles, plus des coulevrines, dont les plus petites ne pèsent pas plus de dix livres, et des catapultes qui lancent des pierres ; les boulets des canons sont en pierre, ceux des coulevrines en plomb. Pour manœuvrer ces pièces, la ville enrégimente treize canonniers principaux, placés sous les ordres d'un maitre de l'artillerie du roi, leur adjoint plusieurs servants [1]. Les boulevards, en avant des portes, sont réparés, entourés de talus de onze pieds de haut, hérissés de pieux pointus, avec banquettes et trous à canons [2].

---

[1] Le service de chaque pièce exigeait plusieurs hommes ; pour la seule bombarde de la Croche-Chesneau, il en fallait onze. Le 23 décembre on y conduisit une bombarde qui lançait des pierres de 120 livres ; il fallut vingt-deux chevaux pour la trainer.

[2] Les habitants, dont les maisons étaient proches des murailles, furent en outre obligés de suspendre dans leurs salles basses de petits bassins à laver en cuivre, afin de se rendre compte, par le frémissement et la

Au mois de septembre on procède au dénombrement des habitants pouvant prendre les armes ; la ville est divisée en huit quartiers ; à la tête de chacun on place un quartenier ayant sous ses ordres dix dizainiers ; les murs d'enceinte sont divisés en six parties, chacune sous la direction d'un chef de garde, ayant sous ses ordres cinq dizainiers et une garde de cinquante hommes qui se renouvelle tous les jours. Chaque habitant, appelé à défendre la cité doit avoir son harnois militaire, avec croix blanche sur la poitrine, un bassinet, un casque léger en fer poli ; lorsqu'il monte à l'assaut, on lui fournit pour se protéger un bouclier fait avec des douves de poinçons recouvertes de cuir. Enfin, on installe des guetteurs sur la tour Neuve, sur celles de Saint-Paul et de Saint-Pierre-Empont, en haut du beffroi, dont la cloche avertira des attaques de l'ennemi et s'unira ensuite aux carillons de toutes les églises pour sonner la délivrance.

Si nous nous sommes étendu sur les préparatifs du siège, nous avons voulu montrer avec quel soin patriotique, au xv⁰ siècle, la ville d'Orléans prit les mesures nécessaires pour résister à l'envahisseur. Nos ancêtres comprenaient qu'ils jouaient la dernière partie où l'honneur national et l'indépendance de la patrie étaient en jeu : ils conservaient la dernière étincelle du feu sacré. Les récits des périls qu'ils coururent effraie encore la plume de l'historien, qui ne peut expliquer comment une ville, réduite à de telles ressources, put lutter contre les forces de tout un royaume et, dernier rempart de la liberté française, permettre d'organiser la victoire.

Pour obtenir ce résultat, les Orléanais ne reculèrent devant aucun sacrifice : ils votèrent une imposition extraordinaire de six mille livres tournois [1], beaucoup payèrent plus que la taxe à laquelle ils avaient été soumis. Le Clergé, quoiqu'il

vibration de l'eau, de tout ébranlement produit dans les profondeurs du sol, notamment si les Anglais ne minaient pas ; on plaça aussi de ces bassins sous les remparts. Ces bassins avaient déjà été employés au siège de Rennes, sous Du Guesclin. — SIMÉON LUCE, *Histoire de Bertrand Du Guesclin, la jeunesse de Bertrand*, chapitre VII, p. 178.

[1] Ordonnance du lieutenant-général du 26 décembre 1428.

ne fût pas riche, contribua pour un quart aux sommes levées sur les habitants : Sainte-Croix, pour deux cents écus d'or ; Saint-Aignan, pour quarante ; Saint-Pierre-Empont, pour trente ; Saint-Pierre-le-Puillier, pour cinq, etc. Devant le péril qui les menace, les habitants consentent à recevoir les gens de. guerre, les répartissent en leurs maisons et les nourrissent « comme s'ils eussent été leurs propres enfants » : des Italiens qui se battent en l'honneur de la duchesse d'Orléans et de son fils, seigneur de la ville d'Ast en Piémont ; des Espagnols, dévoués à la maison d'Anjou [1] ; des Écossais, en haine des Lancastre [2] ; plusieurs chefs français, comme Pierre de la Chapelle, gentilhomme de Beauce, et Nicolas de Giresmes, chevalier de Rhodes, viennent grossir les rangs des défenseurs.

Depuis un an, un vaillant des grandes guerres, le sire de Gaucourt, gouverne la ville. Armé chevalier en 1394, sur le champ de bataille, dans la croisade du duc de Bourgogne contre Bajazet II, il a échappé au massacre de Nicopolis ; mais, après la défense de Harfleur, en 1415, où il a pris une part brillante, il est tombé au pouvoir des Anglais, et le roi d'Angleterre, Henri V, le désignant comme un de ses plus mortels ennemis, a fait jurer à Bedford de ne jamais le délivrer. Gaucourt, retenu prisonnier en Angleterre, n'a recouvré sa liberté qu'en 1425, après dix ans de captivité et le paiement d'une rançon de vingt mille écus d'or [3] ; en 1427 il a forcé les

---

[1] Charles VII avait épousé Marie d'Anjou, fille de Louis II, roi de Sicile, duc d'Anjou, et d'Yolande d'*Aragon*.

[2] Par traité du 10 novembre 1428, le roi s'était engagé, s'il était victorieux, à céder au roi d'Écosse le comté d'Évreux ou le duché de Berry ; le dauphin Louis, qui avait cinq ans, fut fiancé à la fille du roi d'Ecosse.

[3] La livre parisis était d'un quart plus forte que la livre tournois ; ainsi la livre tournois valant 20 sols tournois, la livre parisis en valait 25. L'écu d'or, dont le cours fut très variable, valait de 2 livres tournois à 2 livres 10 sols ; l'écu d'or vieux, 64 sols ; le salut, 58 sols, . On peut comparer le pouvoir de l'argent avec les traitements et les salaires du xvᵉ siècle. Le comte de Dunois, lieutenant-général du duché, recevait mille livres tournois par an ; le sire de Gaucourt, gouverneur d'Orléans, 292 livres parisis ou 16 sols par jour ; le prévôt d'Orléans, 91 livres 5 sols par an ; le receveur du domaine, 100 livres par an ; le trésorier du duché, 600 livres fixes, plus des remises proportionnelles,

Anglais à lever le siège de Montargis et s'enferme maintenant dans Orléans pour diriger la résistance.

plus 5.000 bûches estimées 6 sols parisis le cent, plus quelques milliers de fagots ou 20 livres parisis à son choix; le traitement du doyen de Saint-Pierre-le-Puellier était de 30 livres; le loyer des maisons des chanoines de la cathédrale variait de 10 à 15 livres par an; un homme de peine gagnait de 3 à 7 sols par jour; 4 sols payaient la journée d'un bon cheval; une mine de froment (le tiers d'un hectolitre), valait de 10 à 12 sols; une mine d'avoine, 5 à 6 sols; un litre de vin, de 6 à 8 deniers.

BOUCHER DE MOLANDON, *La famille de Jeanne d'Arc dans l'Orléanais.* ID. *Jacques Boucher.*

La livre tournois valait environ 7 fr. 35 de notre monnaie.

III

Le Siège

Au lieu de se diriger de Paris sur Orléans par Étampes, la voie directe, Salisbury avait résolu de « balayer le pays » afin d'empêcher une armée de secours de s'y former pour venir en aide aux assiégés. Le 26 août il prend d'assaut Janville et y installe son neveu lord Gray, le 25 septembre Beaugency capitule, le 5 octobre Jargeau se rend. L'armée anglaise, que Monstrelet évalue à dix mille hommes, se concentre entre Meung et Beaugency et se dirige vers Orléans, en ayant soin de maintenir des communications avec Jargeau, Meung et Beaugency pour assurer le ravitaillement. Le 12 octobre on la signale dans les environs d'Olivet. Aussitôt les Orléanais abattent et incendient le couvent et l'église des Augustins situés en avant du boulevard des Tourelles, pour que les Anglais ne puissent s'y fortifier ; ils démolissent aussi le fau-bourg du Portereau construit sur la rive gauche de la Loire. Devant les flammes qui éclairent leur route, l'incendie dura quatre jours! les Anglais s'arrêtent, ils dressent leur camp et développent leurs tentes à Saint-Marceau, faubourg de la ville qui s'étend de la rive gauche du fleuve jusqu'à Olivet. Le feu n'ayant pas détruit entièrement le couvent des Augustins, Salisbury établit sur ses ruines une bastille qu'il garnit de gros canons, entoure de fossés profonds ; il transforme l'église en magasin où il dépose ses vivres et ses provisions de guerre, le monastère en prison pour y retenir les Orléanais qui tomberont dans ses mains ; de plus, devant la bastille qu'il vient d'élever, il construira un boulevard d'où il repoussera

2

l'attaque des habitants qui, malgré la mitraille, oseront traverser le fleuve.

Le 17 octobre commence le bombardement : les Anglais disposent leurs canons sur la levée de Saint-Jean-le-Blanc qui borde la rive gauche en amont des Augustins ; pour effrayer les Orléanais, ils lancent sur la ville en un seul jour deux cent vingt boulets de pierre de cent seize livres chaque ; mais leur tir, mal réglé, ne cause que des dégâts insignifiants ; ils coulent seulement dans la Loire douze moulins assis sur bateaux : les Orléanais les remplacèrent par onze moulins à chevaux.

L'action de Salisbury se porta dès le 21 du même mois sur le fort des Tourelles qui commandait l'entrée de la Loire et assurait, par le pont, la communication avec la ville ; ce fort, protégé du côté du faubourg par un boulevard que nobles et bourgeois avaient travaillé nuit et jour à établir, fut vaillamment défendu pendant un combat de six heures qui commença à dix heures du matin. Le gouverneur, averti, se disposait à prendre le commandement des troupes, lorsqu'en passant devant l'église de Saint-Pierre-Empont, son cheval glissa. Gaucourt se foula le bras, on fut obligé de le porter aux étuves pour « appareiller sa blessure ». Les guerriers qui, à son appel, se sont enfermés dans Orléans, Pierre de la Chapelle, Villars [1], Arnault de Coarraze, chevalier béarnais, Chaumont-Quitry [2], Xaintrailles et son frère Poton [3], ainsi que le chevalier aragonais Mathias, se mettent à la tête de l'armée. Les femmes d'Orléans accompagnent les défenseurs de la cité ; elles s'avancent avec intrépidité à travers les flèches et les viretons, portant du vin, de la viande, des fruits, du vinaigre, recueillent les blessés, « leur essuient le front avec du linge frais », pansent leurs blessures ; d'autres voiturent des pierres, font chauffer de l'eau, fondre de la graisse, rougir au feu des cercles de fer liés ensemble qu'on

---

[1] Archambauld de Villars, capitaine de Montargis, sénéchal de Beaucaire, favori de Louis, duc d'Orléans.

[2] Guillaume de Chaumont, seigneur de Quitry, capitaine de cent hommes d'armes et chambellan du roi.

[3] Poton, seigneur de Xaintrailles, maréchal de France en 1454.

lance du parapet sur les assaillants ; elles transportent aussi
des cendres et de la chaux vive. On en vit même saisir des
armes et abattre à coups de lance les Anglais dans les fossés [1],
dignes filles de ces Gauloises, dont parle Ammien Marcellin,
qui « agitent leurs bras aussi blancs que la neige et portent
des coups aussi vigoureux que s'ils partaient d'une machine
de guerre [2] ». Les bourgeois rivalisent de hardiesse et de
vaillance avec les soldats : Xaintrailles est blessé, Pierre de la
Chapelle tué. Rejetés dans les fossés, les Anglais eurent plus
de deux cent cinquante soldats blessés ; le nombre des morts
fut si considérable, qu'effrayé de cette héroïque résistance,
Salisbury fit sonner la retraite.

Désespérant de s'emparer de force du boulevard des Tourelles, les Anglais le minèrent. Le fort avait été ébranlé par
les coups de canons tirés de la bastille des Augustins ; aussi
voyant qu'ils ne pouvaient, malgré la lutte qui continua les
jours suivants, repousser un ennemi supérieur en nombre ;
remarquant d'ailleurs que la mine était si avancée qu'il n'y
avait plus qu'à mettre le feu aux étais, les Orléanais aban-
donnèrent les Tourelles impossibles à réparer sous le canon
de l'ennemi ; ils construisirent en arrière, sur le pont même,
la bastille de la Belle-Croix et rompirent une arche du pont.
Plusieurs pièces de canon garnirent le boulevard de ce
nouveau fort ; elles furent placées sous la direction d'un
canonnier qui se fit un renom dans les annales du siège :
maître Jean Courroyer, dit le Lorrain à cause de son pays
d'origine, manœuvrait habilement ; ses coups ne manquaient
jamais le but ; avec sa couleuvrine il tua un grand nombre
d'assiégeants. Quelquefois il se laissait tomber, feignant être
mort ou blessé et se faisait porter en ville ; mais il retournait
incontinent à « l'escarmouche », pointait et abattait l'ennemi.
Charles VII le fit venir d'Angers à Chinon, lui donna sept
vingt écus d'or et l'envoya à Orléans ; après la guerre la
ville lui vota un don de vingt quatre livres parisis.

[1] La première victime du siège fut une femme. tuée à la poterne
Chesneau par un boulet de quatre-vingts livres, lancé par le gros canon
des Anglais appelé passe-volant.
[2] Ammien Marcellin, liv. XV, chap. XII.

Le dimanche 24 octobre les Anglais prirent possession des Tourelles, réparèrent le fort jour et nuit, renforcèrent le boulevard, en construisirent un nouveau sur le pont même du côté de la ville, et le garnirent de bombardes « merveilleuses » qui tiraient sur la bastille de la Belle-Croix ; enfin ils rompirent deux arches, de sorte que la communication entre le nouveau boulevard et le fort de la Belle-Croix était séparée par la Loire sur une étendue de trois arches.

Le lendemain 25 octobre, Dunois pénétrait dans la ville à la tête de huit cents hommes d'armes, archers et arbalétriers, venus de France, d'Écosse, d'Italie et d'Espagne : il était accompagné de Jean de Brosses, Seigneur de Boussac et de Sainte-Sévère, maréchal de France ; du Sénéchal de Chabannes, de La Hire, du comte de Sancerre, de Thibault d'Armagnac. Heureux de ce renfort, les Orléanais persistèrent plus que jamais dans la résolution de se défendre ; ils envoyèrent La Hire vers Charles VII pour lui rendre compte de la perte des Tourelles, renouveler leur courageuse décision et solliciter des secours plus considérables [1].

Sur ces entrefaites, leur mortel ennemi, celui qui avait dirigé l'armée d'invasion, recevait la mort. Dans la soirée du 24 octobre, Salisbury, pour se rendre compte de la situation et reconnaître les dispositions des assiégés, monta dans l'une des tours du fort des Tourelles ; il était accompagné de Thomas Sargrave et de son lieutenant Glasdale ou Glacidas. Comme il regardait par une fenêtre, une pierre lancée par un canon du haut de la Tour Neuve frappa un des côtés de la fenêtre : Sargrave fut tué et Salisbury, atteint par un éclat

---

[1] « A Estienne de Vignolles, dit La Hire, la somme de cent escus d'or, à Chinon, au mois de novembre 1428 pour deffrayer luy et aucuns autres gentilshommes qu'il avoit amenés en sa compagnie de la ville d'Orléans audit lieu de Chinon, pour remonstrer et faire sçavoir l'estat de ladite ville et d'aucunes places et forteresses d'environ ; des frais et despens que audit voyage faire leur avoit convenu, tant en venant par devers ledit seigneur, comme séjournant, en attendant son bon plaisir et ordonnance sur les choses à luy de leur part dites et remonstrées, et aussi en retournant audit lieu d'Orléans. » *Ms. s. fr. 2342, f° 42.* En mai et juin 1429, La Hire reçoit pour ses gages et ceux de sa compagnie 2.042 l. 10 s. tournois. VALLET DE VIRIVILLE, *Histoire de Charles VII*, II, 41, note.

de pierre, eut l'œil et une partie de la face emportés; conduit à Meung, il y mourut le 3 novembre, recommandant à ses capitaines de ne pas se décourager et de pousser vivement le siège. On ne sut jamais qui avait tiré le canon : au bruit de la détonation, le canonnier chargé du service de la pièce accourut et vit un enfant qui se sauvait ; on attribua la mort de Salisbury à une punition du Ciel, qui châtiait le chef de l'armée anglaise parce qu'il avait laissé piller le sanctuaire de Notre-Dame de Cléry : « Et ainsi estoit-ce assez raisonnable, veu et considéré que icelluy comte de Salisbury avoit pillé ladicte église de Notre Dame de Cléry, que par elle il en fust pugny[1]. »

Les Anglais cachèrent la mort de leur chef ; ils transportèrent son corps en Angleterre. Affaiblis par les pertes subies dans les divers assauts, ne pouvant encore investir la ville, ils levèrent le camp, se retirèrent à Meung, à Beaugency, ainsi que dans les places fortes, et confièrent la garde des Tourelles à Glacidas avec cinq cents hommes ; il leur importait de conserver ce fort, qui formait la tête du pont et empêchait la ville de recevoir des secours des provinces du Midi restées fidèles au Roi.

Cette retraite n'était que temporaire ; aussi les Orléanais, redoutant avec raison une attaque du côté de la Beauce, se décidèrent à sacrifier leurs faubourgs, renommés pour les plus beaux du royaume, et à détruire les églises ainsi qu'une grande partie des habitations qui y étaient situées, se réfugiant tous dans l'enceinte fortifiée, où la résistance serait poussée jusqu'à la dernière extrémité. Ils démolirent les églises de Saint-Aignan, Saint-Michel, Saint-Victor, Saint-Avit, Saint-Laurent des Orgerils, Saint-Euverte, la Madeleine, les Couvents des Jacobins, des Cordeliers, des Carmes, etc., en tout vingt-six Églises. Les arbres furent coupés à une lieue à la ronde. Le patriotisme imposait ces sacrifices, d'autant plus pénibles que plusieurs églises étaient vouées aux patrons de la ville ; nos ancêtres qui, pendant le siège, suivaient pieusement les processions à Sainte Croix et à Notre Dame des Miracles, dans lesquelles on portait les reliques des Saints,

---

[1] *Chronique anonyme*, QUICHERAT, V, p. 286.

une portion de la Vraie Croix, le chef de saint Mamert, les corps de saint Aignan et de saint Euverte, avaient consenti à regret à ces sacrifices ; mais l'intérêt de la patrie l'exigeait, il fallait à tout prix empêcher les Anglais de se loger dans les faubourgs « de s'y retraiter et fortifier »[1].

Le 26 décembre, assemblés par les Procureurs de ville, les habitants se taxèrent à six mille livres; plusieurs offrirent de contribuer en outre à la défense par des dons volontaires ; Hervé Lorens, lieutenant général du bailliage, fit faire des flèches à ses frais[2], son exemple fut suivi par d'autres. En même temps plusieurs villes donnèrent leur concours : Bourges envoya 900 livres et des munitions ; Poitiers, où résidait le Parlement resté fidèle, donna 700 livres tournois ; La Rochelle 400 livres parisis. On profita de ces secours pour augmenter l'artillerie, les forges de Guillaume Duisy fabriquèrent des boulets de fer et de plomb et une bombarde, placée à la poterne Chesneau, qui lançait, sur les Tourelles, des pierres du poids de 120 livres; deux canons nouveaux, appelés *Rifflard* et *Montargis*, du nom de la ville qui l'avait donné, furent placés sur les remparts; on acheta, à Blois, plusieurs milliers d'arbalètes[3].

Ces dernières mesures étaient urgentes. Comme on l'avait prévu, William Pole, comte de Suffolk, accompagné de Talbot et de Lancelot de Lisle arrivèrent le 30 décembre par la

---

[1] « Orléans brûle ses faubourgs, elle détruit ses églises, elle abat ses monuments, gloire du passé, elle fond tous ses trésors, les pierreries de ses femmes, les joyeux anneaux de ses jeunes filles, les vases sacrés de ses prêtres ; et, pendant huit mois, mêlant sur ses remparts, l'héroïsme, la gaieté, envoyant à l'ennemi des boulets avec des plaisanteries, française et chrétienne, elle donne à ce siècle et à tous les siècles un de ces spectacles, qui relèvent l'homme dans sa propre estime et qui le consolent de toutes les lâchetés dont le monde est trop souvent le théâtre ». BOUGAUD, Panégyrique, 8 mai 1865.

[2] Hervé Lorens, seigneur des Francs, demeurait sur le Martroi. Sa fille Marguerite épousa, en 1450, Colin Colas, seigneur de la Borde, de Marolles et autres lieux, échevin d'Orléans en 1479, et lui porta la seigneurie des Francs. Leur petit-fils François, maire d'Orléans en 1575, député aux Etats de Blois, a laissé un nom illustre dans les annales de la cité. SYMPHORIEN GUYON, *Histoire de l'Eglise, diocèse, ville d'Orléans*, 1617, 2e partie, p. 273.

[3] 14 milliers d'arbalètes pour 500 livres.

Beauce, amenant une armée de 2.500 hommes; ils établirent leur camp sur la rive droite, à 400 toises environ de la porte Renart, sur le revers du coteau, à l'abri du canon des Tours; ils élevèrent sur les ruines de l'église Saint-Laurent une bastille dont l'artillerie permettra de protéger les convois de vivres qu'ils recevront de Paris et de surveiller les troupes que la roi de France tentera d'envoyer. Comme leur camp s'étend en longueur, ils construisent à la Croix-Boissée, à l'endroit le plus élevé de la grande route d'Orléans à Blois, un boulevard d'où ils observeront la porte Bannier; enfin ils dressent deux forts, l'un dans l'île Charlemagne, et l'autre à Saint-Pryvé, entre la levée et la rive gauche du fleuve, afin de communiquer du camp de Saint-Laurent au fort des Tourelles et d'attaquer Orléans à la fois sur les deux rives.

Antérieurement, le 1er décembre, Talbot et Scales avaient amené de nouvelles troupes aux Tourelles, le canon recommençait à tonner, des boulets de pierre de 164 livres tombaient au milieu de la ville; le 6, les Anglais, sortant du fort, pendant la nuit, jetaient des planches sur les arches rompues et dressaient des échelles pour escalader le boulevard de la Belle-Croix; mais le veilleur sonnait la cloche du beffroi et l'ennemi était repoussé. Le 30, dans une grande sortie, Dunois et les principaux chefs de la garnison d'Orléans n'avaient pu empêcher les Anglais de s'emparer des ruines de Saint-Laurent et de s'y fortifier.

Le lendemain les hostilités paraissent suspendues comme elles l'avaient été le jour de Noël. Deux gascons de la compagnie de La Hire, Jean le Gasquet et Védille, défièrent deux Anglais à la lance; le combat eut lieu devant plusieurs seigneurs des deux pays. Gasquet jeta son adversaire par terre d'un coup de lance, le combat de Védille resta indécis. Ces luttes, par suite de défis individuels, se renouvelèrent plusieurs fois pendant le siège; le 17 janvier, six Francais envoient un défi à six Anglais, mais ceux-ci ne se présentent pas; le 3 avril une bataille à la fronde a lieu dans une ile près de la Tour Neuve, entre les pages français et anglais; les lutteurs se protégeaient contre les pierres qu'ils se lançaient mutuellement par de petits boucliers en osier; les Français avaient pour chef un page du Dauphiné, fort éveillé et de grande hardiesse, Aymar de Poisieu, que La Hire surnommait *Capdorat*, à cause de ses cheveux blonds [1]; le 3 avril les français furent vainqueurs, le lendemain un Anglais fut tué, plusieurs blessés, mais les pages français perdirent leur étendard.

Les deux armées regardaient, de leurs positions, ces escarmouches. On sera peut-être surpris de ces joutes au milieu d'une guerre aussi acharnée, mais au moyen âge elles étaient fréquentes ; Du Guesclin lui-même suspendait les hostilités pour se mesurer dans un tournoi improvisé.

Les bombardes n'empêchaient pas, du moins au début du siège, l'échange de bons procédés. Entre deux combats, Suffolk et Talbot envoient à Dunois, par un héraut, un plat de figues, de raisins et de dattes, lui demandant en échange de la panne noire pour fourrer une robe ; le héraut remporta la panne, « ce dont Suffolk lui sut bon gré »[2]. Plusieurs siècles après nous retrouvons, entre généraux rivaux, les mêmes procédés de chevalerie courtoise : en 1707 Marlborough envoya au maréchal de Villars des liqueurs d'Angleterre, du vin de palme et du cidre, sur quoi Villars renchérit autant qu'il lui fut possible ; mais, rappelant cet aimable échange, le maréchal s'empressait d'ajouter : « Nous verrons comment les affaires sérieuses se passeront »[3].

Le 25 décembre, pendant la trève en l'honneur de la fête de Noël, les Anglais voulurent s'offrir des distractions: les capitaines français leur envoyèrent volontiers des ménétriers avec des instruments; ce qui ne les empêcha pas, quelques jours après, de remplacer le son des violons et des hautbois par celui des bombardes [4].

Le 1er janvier les Anglais donnent l'assaut à la porte Renart; la baliste placée sur la muraille les écrase; elle mêle ses pierres aux boulets lancés par un canon appelé le *Chien*,

[1] Aymar de Poisieu, depuis maître d'hôtel de Louis XI, alors dauphin de Viennois.
[2] *Journal du siège.*
[3] SAINTE-BEUVE, *Causeries du lundi*, tome XIII, p. 98.
[4] Mis de LUCHET, *Histoire de l'Orléanois*, Amsterdam, 1766, p. 308.

récemment fondu dans les ateliers et qui fait merveille; le souvenir en est resté longtemps gravé dans l'imagination populaire : « C'est comme le chien d'Orléans, disait-on, il aboie de loin! » Sous la protection de l'artillerie, les Orléanais franchissent la porte Renart. Parmi eux, un religieux, l'abbé de Cerquenceaux se signale par sa valeur; comme les lois ecclésiastiques lui défendent de tirer l'épée, il assomme les Anglais avec un maillet de fer; devant les malheurs de la Patrie il s'est fait soldat; déjà à la rescousse de Montargis il a combattu à côté de La Hire : il fut blessé dans le combat du 1er janvier.

Pendant tout le mois de janvier, les assauts contre la porte Renart se succédèrent à toute heure, de préférence quand les Orléanais avaient le soleil en face, ou le soir dans l'obscurité. Comme cette porte défend une entrée principale de la ville, les Anglais tiennent à l'enfoncer; leurs cris de rage alternent avec les sons des trompettes et des clairons, auxquels répond la cloche du beffroi. Les Français, sous la conduite du maréchal de Sainte-Sévère, les repoussent. Le 5 janvier l'amiral de Culan traverse la Loire avec deux cents combattants, à la vue des Anglais, qui sortent des Tourelles, mais sont impuissants à leur barrer le passage : il s'unit à Sainte-Sévère et à Dunois. Le 15 janvier, à huit heures du soir, ils tentent de surprendre le camp ennemi, battent les Anglais, mais sont contraints de se replier à l'abri du feu de la porte Renart.

La lutte n'est pas moins vive sur les autres parties de l'enceinte; l'ennemi porte souvent ses attaques sur deux points à la fois. Sortant en même temps des Tourelles et du camp de Saint-Laurent, il avance jusqu'au rempart et ose y planter son étendard; mais les Français l'arrachent et repoussent les Anglais dans leurs bastilles. Les canons tonnent jour et nuit, le toit des Tourelles s'effondre sous les coups et ensevelit six Anglais. Grâce aux sorties de la garnison, on peut introduire dans la ville quinze cents pourceaux, quatre cents moutons, des bœufs, des chevaux chargés d'huile et de graisse et de la poudre à canon.

Ne pouvant pénétrer de force dans Orléans, les Anglais résolurent de réduire la ville par la famine et de transformer le siège en blocus ; ils continuèrent leurs lignes d'attaque, de manière à envelopper successivement la ville par onze forteresses ; quatre au midi, sur la rive gauche : les Tourelles, les Augustins, le boulevard de Saint-Pryvé, celui de Saint-Jean-le-Blanc, afin d'empêcher de passer en barque entre les îles de la Loire ; cinq à l'ouest : dans l'île Charlemagne, le fort Saint-Laurent, celui de la Croix-Boissée, le fort de Londres qui coupe la route de Châteaudun, le boulevard du Pressoir-Ars ou de Rouen ; une au nord, la Bastille de Paris ; une à l'est, la Bastille de Saint-Loup, position militaire qui domine la Loire[1] : cette dernière ne fut élevée que vers le 10 mars, lorsque les Anglais eurent appelé une partie de leurs garnisons de Jargeau et des villes de la Beauce, pour étendre la ligne d'investissement.

Le péril augmentait, le secours tant attendu, sollicité encore avec insistance par Dunois des villes de l'apanage, tardait à venir. A la fin de janvier, La Hire arriva de Chinon avec trente combattants, il entra dans Orléans en passant entre les bastilles de Saint-Laurent et de la Croix-Boissée qui tirèrent sur lui sans l'atteindre, « ce dont La Hire remercia Dieu » ; il apportait six cents livres envoyées par la ville de Tours. Quelques jours après, le vieux routier consentit à une conférence secrète, en dehors des portes, avec Lancelot de Lisle ; l'heure de « la sécurité » passée, chacun retournait dans ses lignes, lorsqu'un coup de canon enleva la tête de Lancelot qui rentrait dans le camp de Saint-Laurent. Les Anglais regrettèrent vivement leur « maréchal de l'Ost » qui exerçait une grande influence sur les troupes. Dunois blâma l'audace du canonnier ; on ne dit pas quelle fut l'impression de La Hire.

Enfin le 28 janvier, Villars et Xaintrailles, envoyés par la Ville vers le roi, annoncèrent du secours. Charles VII avait réuni, à Blois, une armée, levée, surtout parmi les vassaux d'Auvergne et du Bourbonnais, par le comte de Clermont, fils du duc de Bourbon, dans les rangs de laquelle prirent place également le connétable d'Écosse, John Stuart de

---

[1] *La chronique de la Pucelle* dit que la ville fut enclose de treize places fortifiées, tant du côté de la Sologne que de la Beauce et qu'elle ne pouvait avoir secours ni par terre, ni par eau.

Darnley, et son frère Guillaume, Guillaume d'Albret et Gilbert de La Fayette, maréchal de France.

Sur ces entrefaites, on apprend qu'un convoi de vivres est parti de Paris sous la direction de Simon Morhier, seigneur de Villiers, garde de la prévôté ; à tout prix il faut l'arrêter et empêcher le ravitaillement de l'armée anglaise. Chabannes, le Bourg de Bar et Renaud de Fontaine quittent Orléans pour prévenir le comte de Clermont. Ils rencontrent un parti d'Anglais et de Bourguignons; le Bourg de Bar est fait prisonnier [1], Chabannes et Fontaine parviennent à franchir les lignes ennemies, retrouvent à Blois Dunois, qui les a précédés, et combinent l'action de l'armée avec la sortie projetée à Orléans.

Le comte de Clermont quitte Blois avec quatre mille soldats, tant français qu'écossais marchant sous la bannière du connétable d'Écosse. Quinze cents combattants sortent d'Orléans par la porte Parisis sous la conduite de Sainte-Sévère, La Hire et Poton de Xaintrailles, traversent la nuit les bastilles anglaises : la jonction doit se faire à Rouvray-Saint-Denis, à douze lieues d'Orléans. Le convoi, composé de quatre à cinq cents chariots réquisitionnés sur les Parisiens, contenait des provisions de guerre et des vivres, notamment des harengs, on était en carême ; il suivait la route d'Étampes. Rien de plus facile que de le surprendre, de couper cette longue file, la prendre en travers et culbuter les chariots : les Français avaient en outre sur l'armée anglaise la supériorité du nombre. La garnison d'Orléans arriva la première le 12 février et attendit le comte de Clermont.

Informés par leurs espions, les Anglais se préparent à soutenir l'attaque; Falstolf [2], qui les commande, dispose les chariots de manière à en former l'enceinte d'un camp impro-

---

[1] Le Bourg de Bar resta prisonnier jusqu'à la levée du siège. En quittant le camp le 8 mai Talbot chargea un Augustin de l'amener à Meung. Mais le Bourg de Bar, prenant prétexte des fers qui le gênaient, avait ralenti sa marche et, lorsqu'il fut à distance de l'armée anglaise, il força l'Augustin à le prendre sur son dos et l'apporter à Orléans où les gardiens de la porte Renart le reçurent avec enthousiasme.

[2] Jean Falstolf, chevalier banneret, grand maître d'hôtel du régent, chef de sa maison militaire.

visé ; il place, sur le front et les flancs de ce camp, des pieux pointus qu'il incline, barrière insurmontable pour la cavalerie : aux deux extrémités il laisse deux ouvertures près desquelles il met les arbalétriers de Paris et les archers anglais, le reste des troupes se range au milieu et se serre en bataille.

Les Écossais formaient l'avant-garde de l'armée du comte de Clermont ; le connétable ne veut pas attendre, il met pied à terre, se jette sur les Anglais et en tue un grand nombre. Voyant l'avant-garde aux prises, Dunois s'élance avec ses soldats ; les archers anglais, abrités derrière leurs chariots, les criblent de flèches, les chevaux se brisent contre les pieux, les Français plient devant les arbalétriers parisiens, le trouble se met dans leurs rangs ; les Anglais en profitent pour faire une sortie, assaillent les Français de flèches, en tuent cinq à six cents. Dunois, blessé d'une flèche à la cuisse au début de l'action, échappe par miracle au massacre; ses archers le mettent sur un cheval. La Hire et Poton, placés à l'arrière-garde, rallient une centaine de combattants et protègent la retraite.

Le comte de Clermont arriva enfin avec son armée, mais il n'osa pas se risquer : c'était un jeune homme inexpérimenté, armé chevalier le matin par La Fayette; il commandait pour la première fois ; il se détourna et rentra à Orléans, où sa conduite fut sévèrement appréciée.

Cette fatale journée est connue dans l'histoire sous le nom de *Journée des Harengs* ; Guillaume d'Albret, le connétable d'Écosse John Stuart et son frère Guillaume Stuart, Jean de Nailhac grand pannetier de France, beau-frère du maréchal de Sainte-Sévère, Louis de Rochechouart, Jean de Chabot, le sire de Verduzan et cent vingt gentilshommes français y furent tués ; on les enterra dans Sainte-Croix, après un service solennel ; ils y reposent encore [1].

Le convoi arriva le 17 février dans le camp anglais de Saint-Laurent, et les Orléanais furent obligés de subir les huées et les moqueries des Anglais et faux Français de Paris.

[1] *Journal du Siège*, 13 et 14 février.

La consternation était générale.

Après cet échec honteux, le comte de Clermont n'osait pas rester à Orléans ; ses hommes terrifiés refusaient d'attaquer les bastilles anglaises. Les bourgeois ne dissimulaient pas leur indignation, répétaient que le comte et ses hommes n'étaient bons à rien, — ils s'étaient laissé battre, quoiqu'ils fussent cinq contre un, — si ce n'est à consommer les vivres qui diminuaient dans des proportions inquiétantes. Au bout de neuf jours, Clermont quitta la ville avec deux mille Auvergnats et Bourbonnais, l'amiral de Culan, Renaud de Chartres et l'évêque d'Orléans, Jean de Saint-Michel, écossais [1], qui se rendait près du Roi pour solliciter de nouveaux secours. Il ne restait à Orléans que Dunois, le maréchal de Sainte-Sévère, Xaintrailles et leurs gens.

Les capitaines doutaient du succès et hésitaient à continuer la résistance. Ils réunirent les bourgeois et leur demandèrent ce qu'ils voulaient faire, ne leur dissimulant pas que la lutte paraissait compromise, qu'ils seraient obligés de se rendre, et que la prolongation du siège ne servirait qu'à irriter le vainqueur. Dans cette assemblée, qui empruntait aux circonstances une gravité sublime, il s'agissait de considérer en face la mort ou le déshonneur. Le courage de nos ancêtres ne fléchit pas. Ils connaissaient les menaces de l'ennemi ; Glacidas avait dit : A mon entrée dans la ville je tuerai tout, les hommes, les femmes, je n'épargnerai personne [2]! Ces menaces les laissent insensibles : ils résistent à Dunois, à Xaintrailles, à un maréchal de France, ils continueront la lutte et, s'il faut s'ensevelir sous les ruines de la cité, ils laisseront du moins à la patrie le souvenir d'un héroïsme qui n'a pas connu de défaillance. Ne leur reste-t-il pas le secours de Dieu ? Ils se rendent dans les sanctuaires, les processions se déroulent dans les rues au milieu des éclats des canons de l'ennemi ; on porte les reliques des saints dont la protection a toujours en définitive sauvé la ville et, quand la procession rentre dans

---

[1] Jean de Saint-Michel, évêque d'Orléans après Guy de Prunelé, chanta le 8 mai 1429, le premier *Te Deum*, et institua la procession des Tourelles.

[2] *Chronique de la Pucelle.*

la cathédrale de Sainte-Croix, un religieux loue la vaillance des bourgeois d'Orléans et les excite à la résistance [1].

En même temps, le Conseil du Roi engagea les habitants à
solliciter l'appui du duc de Bourgogne, en lui proposant de
« sauvegarder la ville jusqu'après l'éclaircissement des
troubles du royaume », le duc étant prisonnier et ne pouvant
prendre leur défense. On reconnaît dans ce projet les tendances
diplomatiques du chancelier Renaud de Chartres, qui ne
désespérait pas de détacher le duc de Bourgogne de
l'alliance anglaise. Déjà, en 1425, les Orléanais avaient
chargé La Trémoille de la négociation d'une proposition.
semblable ; les habitants de l'apanage s'étaient réunis pour
lui allouer, comme frais de voyage, deux mille écus ; mais
la combinaison avait échoué par le refus de La Trémoille,
auquel les chanoines avaient cependant offert cinq cents écus
d'or « pour son joyau ».

Les Orléanais, avec l'agrément du Roi, envoyèrent Poton de
Xaintrailles, Guion du Fossé et Jean de Saint-Avy près du duc
de Bourgogne, offrant de remettre le duché entre ses mains,
préférant la souveraineté d'un prince du sang royal, qui ces-
serait inévitablement son alliance avec les Anglais. Le choix de
Xaintrailles était habile : ce capitaine avait fait la guerre en
Hainaut et conservé les sympathies du duc. Les délégués
trouvèrent le duc de Bourgogne à Tournay ; celui-ci accepta
l'offre, se rendit à Paris où il arriva le 4 avril, et sollicita de
Bedford la levée du siège. Le Régent ne dissimula pas sa
colère et reçut fort mal la proposition, disant qu'il n'avait
pas battu les buissons pour que le bourguignon prît la proie,
et qu'il n'entendait pas mâcher les morceaux pour les lui
faire avaler[2] : les Orléanais n'avaient qu'à se rendre à sa
merci et rembourser les frais du siège. Le duc de Bourgogne
répondit sur le même ton et irrita tellement Bedford que le

---

[1] « Sur tes remparts, ô Aurelia, Bellone frémissait comme sur les som-
mets des Alpes frémit l'impétueux Aquilon. » — L'ABBÉ DE ROUSSY, *Orléans
délivré*, chant II.

[2] JEAN CHARTIER.

Régent le congédia « menaçant même de l'envoyer en Angleterre boire de la bière plus que son soûl [1] ».

Sorti de Paris dans une violente fureur, le duc de Bourgogne envoya de suite, par son héraut, l'ordre aux hommes
d'armes de ses duchés et comtés de quitter l'armée
anglaise : Bourguignons, Picards, Champenois se retirèrent
joyeusement le 24 avril. La mission avait eu au moins le
résultat d'affaiblir les forces anglaises de quinze cents hommes
environ. En agissant ainsi, le duc de Bourgogne ne faisait que
se conformer aux trèves qu'il avait jurées.

Remis de l'émotion causée par la défaite de Rouvray-Saint-
Denis et le départ d'une partie de la garnison, les Orléanais
continuaient à fatiguer les Anglais par de fréquentes sorties [2].
La crue de la Loire, par suite de l'amoncellement des neiges,
faillit miner les boulevards des Tourelles ; elle submergea les
terrassements établis en avant du fort, sur l'île Charlemagne
et à Saint-Pryvé ; les Anglais furent obligés de réparer les
désastres, on en profita pour tirer sur eux et abattre un
pan de la muraille des Tourelles.

Lors de l'une de ces sorties, Jean le Lorrain tua cinq Anglais
en deux coups de canon, et Jean Luillier, bourgeois d'Orléans,
tua lord Gray, neveu de Salisbury : en récompense de ce fait
d'armes, Luillier fut armé chevalier par Charles VII au sacre
de Reims [3].

Dans une autre, les Orléanais passèrent la Loire en bateau,
pénétrèrent jusqu'à Saint-Marceau, percèrent le mur de
l'Église et firent vingt anglais prisonniers. Sur la rive droite,
ils s'avancèrent au-delà du faubourg Bourgogne, jusqu'à
l'Orbette, et tuèrent les Anglais qui y faisaient le guet. Un capitaine orléanais, Amadis ou Madie, s'aventura jusqu'à Fleury-
aux-Choux, fit six Anglais prisonniers et s'empara de leurs chevaux, de leurs arcs, trousses, habillements de guerre ; les Orléa-

---

[1] M. DE BARANTE. *Histoire des ducs de Bourgogne.*

[2] Une distribution de vin et de blé fut faite le 25 mars à la garnison
d'Orléans par Jehan le Prestre, prévôt d'Orléans ; la garnison ne comptait
plus que 2.600 hommes.

[3] Sa fille Magdeleine Luillier épousa Jean Colas, seigneur des Francs,
échevin d'Orléans en 1501.

nais pénétrèrent aussi dans le camp anglais de Saint-Laurent, tuèrent les sentinelles et prirent un étendard, des tasses d'argent, des arcs, des flèches, des robes fourrées de martre et des munitions. Le 21 mars, lundi de la semaine sainte, dans une formidable sortie, ils rejetèrent les Anglais dans leurs bastilles.

Le jour de Pâques, 27 mars, il y eut trêve [1].

Dès le 1ᵉʳ avril les hostilités recommencent, les bombardes sèment la mort dans les rangs des Anglais, les sons du beffroi animent les assiégés. Mais les résultats obtenus sont insuffisants, l'étendard de Saint-Georges, blanc et rouge avec une croix rouge, se redresse toujours et flotte sur les boulevards et sur les forts. Les Anglais se fortifient dans leurs nouvelles bastilles, les réunissent par des fossés [2], la route du nord-est près de la forêt d'Orléans parait même interceptée tout au moins par un camp anglais [3]. Dans quelques jours, un brave, Florent d'Illiers, gouverneur de Châteaudun, parviendra cependant à pénétrer dans Orléans avec le frère de La Hire et quatre cents combattants; mais son concours ne sera pas plus puissant que celui de Dunois, de Sainte-Sévère et de Xaintrailles. On renouvellera les sorties, on échangera des coups de coulevrine, des rencontres meurtrières continueront à la Porte Renart, à la Croix-Boissée, sur les ruines de Saint-Laurent, au prieuré de la Madeleine, dans les vignes de Saint-Marc et de Saint-Jean-de-la-Ruelle; on pourra encore introduire des vivres au prix d'efforts surhumains : la défense a été si vaillante, que le mur d'enceinte ne présente pas de brèche; mais le cercle de l'investissement se resserre tous les jours, les boulets tombent dans les rues; jusqu'à la porte Bannier, tout est criblé, des troupes fraiches arrivent aux

[1] En 1429, la Pâques juive coïncida avec la Pâques chrétienne; N.-S. Jésus-Christ mourut le 25 mars et ressuscita le 27. BENOIT XIV, *Traité des Festes*, liv. I, cap. VII.

[2] JEAN CHARTIER. *Histoire de Charles VII*, p. 17. — *Chronique de la Pucelle*, chap. xxxix.

[3] BOUCHER DE MOLANDON. *Étude sur une bastille anglaise du xvᵉ siècle, retrouvée à Fleury.* — VERGNAUD-ROMAGNESI. *Bulletin du bouquiniste*, 1861, p. 96 et suiv.

Anglais, la famine réduira les courages, on commencera même à craindre les trahisons [1], mais la surveillance redoublera, et si la ville est enfin réduite au pillage suivant les menaces de Glacidas, l'honneur restera sauf.

Tout espoir de salut disparait.

Il restait Dieu.

Et Dieu suscita Jeanne d'Arc.

[1] Un jour on découvrit dans le mur de l'*Aumône* d'Orléans, près la porte Parisis, un trou assez large pour donner passage à un homme. Le peuple s'ameuta : coupable ou non, le directeur de la maison dut chercher son salut dans la fuite. Le jeudi saint, sans nul autre indice, le bruit courut qu'on était trahi; chacun se tint sous les armes. Ces rumeurs, par les effets qu'elles produisaient, montraient au moins que le peuple n'était pas disposé à se rendre. WALLON, *Jeanne d'Arc*. Introd. LV.

3

IV

Jeanne d'Arc

Jeanne d'Arc naquit le 6 janvier 1412, dans la nuit de l'Étoile [1], à Domrémy, sur la partie française de ce village dépendant de la châtellenie royale de Vaucouleurs, d'un petit propriétaire cultivateur, Jacques d'Arc, qui possédait une vingtaine d'hectares et dont le nom est plusieurs fois cité parmi ceux des notables dans les assemblées d'habitants, et d'Isabelle Romée. Dès sa plus tendre enfance, elle conçut une haine violente contre les Bourguignons, alliés des Anglais, qui pillèrent son village. A l'âge de treize ans, elle eut les premières révélations de sa mission : sainte Catherine, sainte Marguerite, l'archange saint Michel, protecteurs du royaume de France, lui apparurent; les visions se renouvelèrent les années suivantes. Les saintes et l'archange lui donnèrent enfin l'ordre, au nom du Roi du Ciel, de quitter son pays, de se rendre auprès de Charles VII et de se mettre à la tête des troupes royales pour combattre l'étranger.

Robert de Baudricourt, capitaine de Vaucouleurs, devant qui elle se présenta, sourit d'abord de cette tentative : une ancienne prophétie de Merlin annonçait, il est vrai, qu'une vierge monterait sur le dos des guerriers [2]; mais comment admettre qu'une paysanne, âgée de dix-sept ans, dont la vie

---

[1] « Dirigée, comme furent les Mages, par une force supérieure, elle marche sans déviation à sa grande destinée. » Mgr GONINDARD, *Panégyrique*, 8 mai 1883.

[2] *Descendet virgo dorsum sagittarii et flores virgineos obscurabit.* Une religieuse, Marie d'Avignon, avait aussi prédit à Charles VII que le ciel armerait une personne de son sexe en faveur de la France.

s'était écoulée au milieu des champs, mettrait en fuite les troupes disciplinées de l'Angleterre. Le jour de la bataille de Rouvray, Jeanne d'Arc annonça la défaite que les Français subissaient à plus de cent lieues de distance : « Aujourd'hui, dit-elle à Baudricourt, le gentil dauphin a eu près d'Orléans un bien grand dommage et encore sera-t-il taillé de l'avoir plus grand, si vous ne m'envoyez bientôt vers lui [1]. » Elle disait à Jean de Metz : « Il faut que j'aille trouver le Roi avant la mi-carême, dussé-je user mes jambes jusqu'aux genoux pour m'y rendre; car personne au monde, ni Roi, ni duc, ni fille du roi d'Écosse [2], ni aucun autre ne peut relever le royaume de France. Il n'y a de secours pour lui qu'en moi. Si, pourtant, j'aimerais mieux rester à filer près de ma pauvre mère, car ce n'est pas mon ouvrage, mais il faut que j'aille et que je le fasse, puisque mon Seigneur le veut. — Qui est votre Seigneur? reprit le gentilhomme? — C'est Dieu, répondit Jeanne [3]. »

La défaite de Rouvray s'étant confirmée, Baudricourt n'hésita plus. Comment cette petite paysanne pouvait-elle révéler le résultat d'une bataille au moment même où elle se livrait? Ses visions n'étaient donc pas des chimères et les voix qui la poussaient au secours de la patrie venaient réellement du Ciel ! Le capitaine consentit au départ de Jeanne ; il lui remit même une épée, les gens de Vaucouleurs l'équipèrent, son cousin Laxart lui donna un cheval qui coûta douze écus. Elle partit accompagnée de Jean de Metz, de Bertrand de Poulengy, qui emmenaient deux de leurs servants, Jean de Honcourt et Julien, d'un archer appelé Richard et de Collet de Vienne, messager du Roi : en tout, six hommes armés ! En onze jours, ils traversèrent, sur des routes défoncées par les pluies, cent cinquante lieues d'un pays occupé par l'ennemi, franchirent neuf rivières grossies par les inondations, passèrent à Auxerre, à Gien, à Sainte-Catherine de Fierbois et arrivèrent à Chinon le 6 mars.

[1] *Chronique de la Pucelle*, p. 428.

[2] Marguerite, fille de Jacques Stuart et de Jeanne de Sommerset, fiancée au dauphin Louis.

[3] Déposition de Jean de Nouillompont, dit de Metz.

Grand fut l'étonnement du Roi. Il réunit son Conseil et le consulta sur l'accueil qu'il devait faire à Jeanne. Quatre personnages exerçaient une influence sur l'esprit de Charles VII : Georges de La Trémoille, baron de Sully, qui nouait des intelligences avec le duc de Bourgogne et espérait délivrer le royaume par des conventions diplomatiques ; Renaud de Chartres, archevêque de Reims, chancelier de France, qui inclinait, comme La Trémoille, vers les mêmes combinaisons, espérait réconcilier le duc de Bourgogne avec le Roi et craignait que l'intervention de Jeanne d'Arc nuisît à sa politique ; Robert le Maçon, baron de Trèves, en Anjou, conservant une prudente neutralité ; et Raoul de Gaucourt, bailli et gouverneur d'Orléans, qui préférait les vieux routiers à une guerrière en jupons. La belle-mère du Roi, Yolande d'Aragon, reine de Sicile, et Gérard Machet, confesseur du Roi, plus tard évêque de Chartres, penchaient pour qu'on admît Jeanne d'Arc devant le Roi. Le Conseil délibéra trois jours : en attendant une décision, on logea la Pucelle au château du Coudray, où les jeunes gentilshommes l'entourèrent, montèrent à cheval avec elle, coururent des lances ; le duc d'Alençon fut tellement étonné de son habileté qu'il lui fit présent d'un cheval [1].

Les Orléanais avaient connu le passage de Jeanne d'Arc à Gien ; le bruit populaire répétait qu'on la disait envoyée de Dieu pour faire lever le siège d'Orléans [2] ; l'espérance renaissait dans la cité, on aurait voulu ouvrir de suite les portes et acclamer celle qui apportait ce secours inespéré. Dunois, pour se rendre compte de la réalité de cette rumeur, envoya à Chinon Archambauld de Villars, don Cernay, les deux Xaintrailles et Jamet du Tillay [3] ; il lui importait que les

[1] Jean II, duc d'Alençon, né en 1409, prisonnier à la bataille de Verneuil, en 1424, mis en liberté en 1427 ; comme il n'avait pas encore achevé de payer sa rançon, il ne put accompagner Jeanne d'Arc au siège d'Orléans, mais il se battit à son côté à Patay. Il avait épousé Jeanne d'Orléans, fille du duc Charles et d'Isabelle de France.

[2] Ils se croyaient perdus, « lorsqu'ils ouyrent nouvelles qu'il venoit une Pucelle par devers le Roy, laquelle se faisoit fort de faire lever le siège de la ville ». *Chronique de la Pucelle.*

[3] *Procès de réhabilitation*, déposition de Dunois.

Orléanais ne se berçassent pas de fausses espérances. Les délégués de la ville d'Orléans étaient arrivés à Chinon et joignaient leurs instances pour que le Roi consentît à recevoir Jeanne d'Arc.

Charles VII se rendit enfin à leur demande. Jeanne fut introduite, le soir, par le comte de Vendôme, grand-maître de l'hôtel, dans la grande salle du château de Chinon, longue de quatre-vingt-dix pieds sur cinquante de large, éclairée par des torches. Le Roi, modestement vêtu, se dissimulait au milieu de trois cents chevaliers. Jeanne se dirigea droit sur lui et, fléchissant le genou : « Dieu vous donne bonne vie, gentil Prince ! » Puis elle lui révéla la prière que, le jour de la Toussaint, il adressait à Dieu dans son oratoire de Loches, lui confirma la légitimité de sa naissance et l'étendue de sa mission [1]. Cette prière, connue de Dieu seul, était le *Secret du Roi*. En présence des malheurs qui affligeaient la France, Charles doutait même de son droit ; s'il n'était pas le légitime héritier de la couronne, il s'offrait à Dieu en expiation, heureux de disparaître pour que le pays retrouvât son indépendance et sa prospérité. Comment Jeanne d'Arc aurait-elle connu ce secret, cette prière, ignorée même du confesseur du Roi, si elle ne lui avait pas été révélée par Dieu ? Charles VII, ému et troublé de cet entretien qu'il avait eu en particulier avec Jeanne d'Arc, « tout rayonnant de joie comme d'une révélation de l'Esprit-Saint [2] », crut à la divinité de la mission de la jeune fille ; plus tard, il confia les détails de cette communication à son chambellan Guillaume Gouffier, seigneur de Boisy ; celui-ci en fit part à son ami Pierre Sala, qui les consigna dans son livre des *Hardiesses* [3].

Les députés d'Orléans ne dissimulaient pas leur joie ; ils revinrent de suite. Devant le peuple assemblé, ils déclarèrent qu'ils avaient vu Jeanne d'Arc et qu'elle avait promis au

[1] « Infortuné qui ne croit ni à son épée, ni à son drapeau, ni à ses droits, ni au sang qui coule dans ses veines. » Mgr Turinaz, *Panégyrique*, 8 mai 1879.

[2] Alain Chartier.

[3] Quicherat, *Procès*, tome IV, pages 227 à 280. *Les Hardiesses des grands Rois et Empereurs*, par Pierre Sala.

gentil Prince de lui rendre Orléans et de le mener à Reims [1].

Avant de confier à Jeanne d'Arc une armée de secours, le Roi voulut encore éprouver la sainteté de sa mission : quelques-uns n'avaient-ils pas osé soutenir que cette fille pouvait se trouver sous l'empire des arts diaboliques ! Il envoya Jeanne à Poitiers, où siégeait le Parlement, et y convoqua des maîtres en théologie, des docteurs et gens experts, avec ordre de lui faire subir de longues interrogations. Les maîtres de la chicane ne se firent pas faute de poser de nombreuses questions. Un Frère prêcheur lui dit : « Jehanne, vous demandez des gens d'armes et vous dites que c'est le plaisir de Dieu que les Anglais laissent le royaume de France et s'en aillent en leur pays : si cela est, il ne faut point de gens d'armes, car le seul plaisir de Dieu les peut détruire et faire aller en leur pays. » A quoi elle répondit qu'elle demandait des gens, non en grand nombre, lesquels combattraient, et Dieu donnerait la victoire. Un maître des requêtes lui dit : « Jehanne, on veut que vous essayez à mettre des vivres dans Orléans, mais il semble que ce sera forte chose, vu les bastilles qui sont devant, et que les Anglais sont forts et puissants. — En nom Dieu, dit-elle, nous les mettrons dedans à notre aise et il n'y aura Anglais qui saille, ni qui faille semblant de l'empêcher. — Quel langage parlent vos voix ? demande, avec un accent limousin, frère Seguin, « un bien aigre homme », dit la chronique. — « Meilleur que le vôtre, lui répond en riant l'héroïne, et elle répète : On me demande un signe qui prouve que ma mission vient de Dieu ; le signe que je dois donner, c'est de faire lever le siège d'Orléans. Je ne sais ni A ni B, mais je viens de la part du Roi du Ciel pour faire lever le siège d'Orléans et conduire le Roi à Reims : il y a plus au livre de Messire qu'aux vôtres [2]. »

---

[1] *Journal du Siège*, 29 mars.

[2] *Chronique de la Pucelle*, p. 430. Cette chronique est attribuée à Cousinot de Montreuil, maître des requêtes au Parlement, qui se trouvait à Poitiers comme secrétaire du Roi. *Procès de réhabilitation*, déposition de frère Seguin.

Beau spectacle, s'écrie Alain Chartier, sous une inspiration
toute fraîche encore, que « de la voir disputer, femme contre
les hommes, ignorante contre les doctes, seule contre tant
d'adversaires, joignant le plus grand sens à la plus ardente
exaltation [1] ». Ce fut un triomphal apostolat lorsqu'elle
apparut dans Poitiers, illuminée des flammes de l'esprit,
transportée de joie et d'une impatience divine, pareille à
Jésus au milieu des docteurs. « Ils ont la science, elle a
l'inspiration ; ils sont la froide raison, elle est la flamme ; ils
cherchent à l'enlacer dans les replis de leur dialectique
subtile, elle leur échappe par les saillies d'un admirable bon
sens [2]. »

Jeanne d'Arc ne sait ni lire ni écrire ; elle s'adresse à Pierre
de Versailles, abbé de Talmont, plus tard évêque de Meaux,
et à Jean Erault, docteur en théologie : « Avez-vous du papier,
de l'encre ? écrivez ce que je vais vous dire. » Et elle dicte
cette lettre sublime, dont plusieurs passages semblent inspirés
par une voix supérieure, dans laquelle elle traite le roi d'Angleterre, Bedford, le régent, et les chefs anglais, comme si elle
leur parlait du haut d'un trône, parce qu'elle leur parle au
nom du Roi du Ciel [3].

Les docteurs, sachant d'ailleurs que Jeanne d'Arc était
restée fidèle à son vœu de virginité, formulèrent ainsi leurs
conclusions : « Le Roi ne doit point débouter la Pucelle,
attendu la nécessité et les prières du pauvre peuple, bien que
ses paroles et ses promesses soient au-dessus des humaines.
En elle on n'a trouvé que tout bien, humilité, virginité, dévotion, honnêteté en toutes choses et simplesse. Elle donnera
le signe de sa mission devant la ville d'Orléans, et non pas
avant ni en aucun autre lieu, car ainsi lui a été donné de
par Dieu. Le Dauphin ne doit pas l'empêcher d'aller à Orléans
avec ses gens d'armes, mais l'y faire conduire honnêtement,
ayant bonne espérance en Dieu ; car la rebuter et délaisser,

[1] Lettre écrite par Alain Chartier, en juillet 1429, à un prince. Quiche-
RAT, V. 133.
[2] L'abbé Mouchard, Panégyrique de Jeanne d'Arc, 8 mai 1890.
[3] Voir cette lettre au commencement du chapitre suivant.

sans apparence de mal, ce serait répugner au Saint-Esprit et s'y rendre indigne de la grâce et ayde de Dieu [1]. »

Les docteurs ayant donc approuvé Jeanne d'Arc et l'ayant autorisée à revêtir des vêtements d'homme, malgré les prescriptions du Deutéronome [2], le Roi lui constitua une maison militaire : un écuyer, Jean d'Aulon, chevalier, membre du Conseil du Roi ; un page, Louis de Coutes, petit-fils d'un chevalier croisé ; un page en second, nommé Raymond ; deux hérauts, Guyenne et Ambleville ; un aumônier, frère Pasquerel, moine augustin ; un clerc, Raoul Mathelin, chargé de régler la dépense ; on lui adjoignit aussi Jean de Metz et Bertrand de Poulengy et ses deux frères Jean et Pierre d'Arc, qui l'avaient rejointe.

On lui fit faire une armure complète [3]. Sur ses ordres, un chevaucheur fut envoyé à Sainte-Catherine de Fierbois : il trouva, d'après les indications de Jeanne d'Arc, dans un coffre placé sous l'autel, une vieille épée rouillée, dont la lame était

---

[1] Extrait du registre delphinal de MATHIEU THOMASSIN, étudiant d'Orléans en 1407, puis officier de Louis XI, alors dauphin de Viennois : c'est lui qui a recueilli le poème de Christine de Pisan sur Jeanne d'Arc.

[2] Deutéronome, chap. XXII, verset 5.

Dans la consultation qu'il envoya au roi peu de temps après la délivrance d'Orléans, l'archevêque d'Embrun disait : « Il est plus décent de faire ces choses en habit d'homme; puisqu'on les doit faire avec des hommes. » WALLON, *Jeanne d'Arc*, I, 39.

Jeanne d'Arc avait reçu de ses Saintes l'ordre de prendre des habits d'homme : « Tu virili indueris veste. »
Lettre de Perceval de Boulainvilliers au duc de Milan, Philippe-Marie Visconti, 21 juin 1429. QUICHERAT, V, 117.
Lettre d'Alain Chartier à un prince étranger, juillet 1429. IBID, V, 131.

[3] Jeanne d'Arc eut deux armures : celle donnée par Charles VII, qui coûta 100 livres tournois; elle la déposa dans l'église de Saint-Denis après l'échec de Paris; et celle qu'elle portait à Compiègne lorsqu'elle tomba au pouvoir des Anglais.

Dans l'un de ses interrogatoires, elle dit qu'elle avait, comme chef de guerre, cinq coursiers, sans les trottiers. Le coursier était le grand cheval de combat; la haquenée ou trottier, cheval de petite taille, d'allure douce. Au mois d'août 1429, le Roi lui donna un cheval qui coûta 38 livres 10 sols tournois; au mois de septembre de la même année, un second cheval de 137 livres 10 sols tournois. *Comptes de Hénon Raguier, trésorier des guerres.*

marquée de plusieurs croix [1] et qu'on dit être une épée de Charlemagne [2].

Par le commandement de son conseil céleste, la Pucelle fit faire un étendard blanc, semé de fleurs de lis d'or, portant cette inscription : « Jhésus ! Maria ! » Sur l'une des faces, le Sauveur, assis sur les nues, tenait dans sa main le globe du monde ; deux anges, en adoration à ses pieds, lui présentaient une branche de lis. Sur l'autre face, l'écu de France soutenu par deux anges. D'après le *Greffier de la Rochelle*, on voyait aussi sur l'étendard un Saint-Esprit d'argent, sur champ d'azur, et une banderole sur laquelle on lisait ces mots : « De par le Roy du Ciel ! » Cet étendard fut exécuté à Tours, par James Power, peintre écossais, qui reçut du Roi vingt-cinq livres tournois [3] ; l'étoffe était d'un tissu de fil fin appelé *Boucassin*, avec franges de soie.

On remit aussi à Jeanne d'Arc un pennon, petit étendard, fait également à Tours, sur lequel on avait placé un ange présentant un lis à la Vierge.

L'épée de Fierbois fut garnie d'un fourreau de vermeil.

Jeanne d'Arc se rendit à Blois au commencement de la Semaine-Sainte et y fut reçue par le Chancelier, Gaucourt, Sainte-Sévère, le sire de Rais, La Hire et l'amiral de Culan. Elle fit bénir son étendard dans l'église du Saint-Sauveur et confectionner, pour son chapelain Pasquerel, une bannière sur laquelle était peinte l'image de Jésus crucifié ; deux fois par jour les prêtres se groupaient autour de cette bannière et Jeanne entonnait avec eux des cantiques en l'honneur de la Vierge Marie.

Pendant que les chefs militaires réunissaient des vivres, pour l'achat desquels la reine de Sicile engagea jusqu'à sa vaisselle [4], et les quatre mille hommes qui devaient accom-

[1] *Relation inédite sur Jeanne d'Arc*, extraite du *Livre Noir* de l'Hôtel de Ville de La Rochelle.

[2] BRUZEN DE LA MARTINIÈRE, vº Sainte-Catherine de Fierbois.

[3] En 1430, Jeanne d'Arc écrit aux magistrats de Tours de faire don à la fille de Power, qui est sur le point de se marier, d'une somme de 100 écus pour son trousseau.

[4] Ce premier convoi, conduit par Jeanne d'Arc, comprenait 60 voitures, 400 têtes de bétail, des armes, des arbalètes, du blé, de la poudre.

pagner ce convoi de ravitaillement, Jeanne d'Arc pensait à l'âme de ses soldats. Elle purifiait le camp en renvoyant les femmes de mauvaise vie et obligeait les guerriers à se confesser : envoyée de Dieu, elle ne combattrait qu'avec des chrétiens dignes de porter l'épée que le Ciel mettait dans leurs mains pour le salut de la patrie. Tous jurements furent interdits : La Hire même se résigna à cet ordre, mais bientôt il oublia la consigne ; Jeanne lui permit de jurer par son « martin[1]. » La réforme, imposée par Jeanne d'Arc avec une rigoureuse discipline, étonne surtout quand on songe à la composition des armées du XVIe siècle. C'étaient des hommes rudes, débauchés, vivant sur le plat pays ; « ils se battent entre eux, se meurtrissent, chevauchent dans la campagne, poursuivent les laboureurs, les frappent de leurs épées, fabriquent, au besoin, de la fausse monnaie, rançonnent le bétail, attaquent la nuit les maisons des paysans et des bourgeois : après leur passage, le pays est un désert[2]. » « Guerrière chrétienne, Jeanne veut que l'armée mérite la victoire par des vertus chrétiennes ; le calme de la conscience ajoute au calme du courage ; le martyre a des victimes comme la victoire ; les larmes de la pénitence se mêlent aux larmes de la charité[3]. »

Le convoi se met en marche le 27 avril, précédé de la bannière de Pasquerel et des prêtres qui chantent le *Veni Creator ;* on couche dans les champs de la Beauce. Le lendemain matin, on dresse l'autel dans la campagne, Jeanne d'Arc communie avec tous les chefs. La prière de La Hire dut être courte : Grand Dieu, fais pour moi, dit-il, ce que je ferais pour toi si j'étais Dieu et que tu fusses La Hire ! Mais, dans sa prière, le guerrier voyait en Jeanne briller l'épée de Dieu

---

[1] Étienne de Vignolles, dit *La Hire,* d'un vieux mot français qui signifie le grognement d'un chien, à cause de sa brusquerie de caractère ; l'habitude l'entraînait à jurer ; Jeanne, touchée de ses efforts pour s'amender, lui permit de dire : « *Par mon martin !* » bâton, comme disent les paysans lorrains.

[2] JULES DOINEL, *Jeanne d'Arc telle qu'elle est,* p. 37. Un des chefs de guerre disait que si Dieu le père se faisait gendarme, il se ferait pillard. MARIUS SEPET, *Hist. de Jeanne d'Arc,* p. 189.

[3] PATAUD, *Panégyrique,* 8 mai 1805.

et l'archange saint Michel combattre à ses côtés pour rendre au drapeau de la France sa gloire éclipsée.

Jeanne voulait entrer à Orléans par la Beauce ; mais les chefs, craignant le feu des bastilles anglaises, avaient traversé la Loire et se dirigeaient par la Sologne. Le 29 avril[1], le convoi, annoncé par Langlois, bourgeois d'Angers, messager de la reine de Sicile, fut signalé par les sentinelles qui faisaient le guet sur les tours ; aussitôt, des barques furent requises. Après avoir passé près d'Olivet, au-delà de la source du Loiret, traversé la plaine de Cornay, la paroisse de Saint-Denis-en-Val, le convoi s'approcha de la Loire sans que les Anglais des Tourelles s'opposassent à sa marche. Dunois courut au-devant de Jeanne d'Arc jusqu'à Chécy, avec plusieurs des Procureurs de ville, traversa la Loire et aborda sur l'autre rive ; l'accueil fut froid. Mécontente de n'être pas arrivée par la Beauce, Jeanne ne dissimula pas sa déception ; ce fut en vain que Dunois lui représenta qu'on avait agi d'après les ordres des capitaines. Comment avait-on douté de sa volonté, de son pouvoir ? N'avait-elle pas passé près de Meung et de Beaugency ? Son apparition avait jeté l'effroi dans le camp anglais et empêché de l'attaquer. « Le conseil de Messire, ajouta-t-elle, est meilleur que le vôtre et celui des hommes, et si est plus sûr et plus sage. Vous m'avez cuidé décevoir, mais vous vous êtes déçus vous-mêmes, car je vous amène le meilleur secours que eut oncques chevalier, ville ou cité, et ce est le plaisir de Dieu et le secours du Roi des Cieux, non mye pour l'amour de moi, mais procède purement de Dieu, lequel, à la requeste de saint Louis et de saint Charlemagne, a eu pitié de la ville d'Orléans et n'a pas voulu souffrir que les ennemis eussent le corps du duc d'Orléans et sa ville ; quant est d'entrer dans la ville, il me ferait mal de laisser mes gens et ne le dois pas faire ; ils sont tous confessés et en leur compagnie je ne craindrais pas toute la puissance des Anglais[2]. »

---

[1] On coucha deux nuits dans les champs. *Procès de réhabilitation*, déposition de Pasquerel.

[2] Déposition de Dunois.

Les eaux de la Loire étaient basses, les vents soufflaient d'amont et les bateaux ne pouvaient pas remonter le fleuve ; Dunois paraissait inquiet, car le convoi, acculé à la rivière, était exposé aux sorties que les Anglais pouvaient faire de leurs bastilles ; Jeanne annonce que le vent va changer, les eaux grossissent, le vent souffle d'aval, tellement qu'un chaland menait deux ou trois barques [1] ; on place les vivres dans les bateaux. Les Anglais avaient évacué maladroitement le fort de Saint-Jean-le-Blanc, ils n'osent pas attaquer des Tourelles le corps d'armée qui protège l'embarquement ; les Orléanais les tiennent d'ailleurs en échec en attaquant la bastille de Saint-Loup ; la flottille descend la Loire, se dissimule le long des îles, s'abrite dans les fossés de la porte Bourgogne et arrive heureusement à Orléans [2].

Ce succès obtenu, la plus grande partie de l'armée, commandée par le sire de Rais [3], retourne à Blois pour escorter un second convoi de ravitaillement. Jeanne d'Arc et Dunois, accompagnés de cinq cents lances, remontent la Loire jusqu'à Chécy, la traversent et sont reçus à Reuilly par Guy de Cailly. Dans la soirée, vers huit heures du soir, « pour éviter le tumulte du peuple », Jeanne entrait dans Orléans, par la porte Bourgogne, montée sur un cheval blanc, précédée de son étendard, ayant à sa gauche Dunois, et suivie des gens de guerre et des bourgeois accourus à sa rencontre.

« Ce fut donc sur les huit heures du soir, le vendredi 29ᵉ jour d'avril 1429, que la Pucelle entra dans Orléans, malgré tous les Anglais qui oncques n'y mirent empeschement aucun. Elle y entra par la porte de Bourgogne, étant armée de toutes pièces, montée sur un cheval blanc, faisant porter devant elle son étendard, qui estoit pareillement blanc, auquel avoit deux anges, tenant chacun une fleur de lis en leur main, et un panon où estoit paincte comme une Annonciation,

---

[1] Déposition du sire de Gaucourt.

[2] BOUCHER DE MOLANDON. *Première expédition de Jeanne d'Arc, le ravitaillement d'Orléans.*

[3] Gilles de Laval, sire de Rais, créé maréchal de France après le siège, ternit sa gloire par des crimes, fut condamné à mort et a laissé une violente empreinte sur l'imagination populaire, sous le nom de *Barbe-Bleue.*

c'est l'image de Nostre-Dame ayant devant elle un ange luy présentant un lis. Elle ainsi entrant dedans Orléans avoit à son côté senestre le Bastard d'Orléans, armé et monté moult richement. Et après venoient plusieurs nobles et vaillans seigneurs, écuyers, capitaines et gens de guerre, entre lesquels estoient aussi quelques soldats de la garnison et quelques bourgeois de la ville qui luy estoient allez au devant. D'autre part la vindrent recevoir les autres gens de guerre, bourgeois et bourgeoises d'Orléans, portant grand nombre de torches et faisant telle joye comme s'ils veissent Dieu descendre entre eux, et non sans cause : car ils avoient plusieurs ennuys et travaux et peines, et qui pis est grand doute de non estre secourus et perdre tous corps et biens. Mais ils se sentoient là tous réconfortés et comme desassiégez par la vertu divine qu'on leur avoit dit estre en cette simple Pucelle qu'ils regardoient moult affectueusement tant hommes que femmes que petits enfants. Et y avoit moult merveilleuse presse à toucher à elle, ou au cheval sur quoy elle estoit : tellement que l'un de ceux qui portoient les torches s'approcha tant de son estendard que le feu se print au panon ; pourquoi elle frappa son cheval des esperons et le tourna autant gentement jusques au panon, dont elle en esteingnit le feu comme s'elle eust longuement suivi les guerres : ce que les gens de guerre tindrent à merveille et les bourgeois d'Orléans aussi. Lesquelz l'accompagnèrent au long de leur ville et cité, faisant moult grand chiere et par très grand honneur, la conduisent à la grande église de Sainte-Croix, où elle voulut se rendre d'abord, et jusques auprès de la porte Regnart en l'hôtel de Jacques Boucher, pour lors trésorier du duc d'Orléans, où elle fut receue à très grande joie avecques ses deux frères et les deux gentilshommes et leur varlet qui estoient venuz avec eux du païs de Barrois. » [1]

----

[1] *Journal du Siège.*

« Forte et bien conformée, grande du moins pour son sexe, un peu brune de teint, avec des cheveux noirs, douée d'une vigueur peu commune qui contrastait avec une voix d'une douceur et d'une suavité féminines, noble et modeste à la fois dans son maintien, gracieuse et enjouée dans le

L'enthousiasme était à son comble ; on eût dit que « l'épée de Fierbois renvoyait dans la nue les éclairs de la foudre du Tout-Puissant [1]. » « Jeanne agitait sa bannière blanche, revêtue de son armure, plus ange que femme ; avant même qu'elle ait tiré l'épée, elle est déjà le salut, la gloire, l'idole de ce peuple qui lui baise les mains [2]. »

Jeanne d'Arc descendit chez Jacques Boucher, trésorier du Duché, où un souper « bien et très honorablement appareillé » l'attendait. Fatiguée par la longueur de la route, elle ne prit, dans une tasse d'argent, qu'un peu de pain dans du vin étendu d'eau et se coucha : l'une des filles du trésorier, Charlotte, âgée de neuf ans, partagea son lit [3].

commerce ordinaire de la vie, telle elle nous apparait dans les portraits tracés par les contemporains. » SIMÉON LUCE, *Jeanne d'Arc à Domrémy*, chap. VI, p. 173.

[1] L'ABBÉ DE ROUSSY, *Orléans délivré*, Chant XI, p. 344.

[2] BOUGAUD, *Panégyrique*, 8 mai 1865.

[3] Jacques Boucher, trésorier du duché d'Orléans, habitait près de la porte Renart la maison de l'*Annonciade*, appelée ainsi à cause d'un bas relief de l'Annonciation sculptée sur sa façade. Cette maison, acquise vers 1500 par François Colas, seigneur des Francs, maire d'Orléans, a été par lui restaurée en l'honneur de Jeanne d'Arc.

V

La Délivrance

Avant de commencer les hostilités, Jeanne d'Arc avait envoyé aux Anglais par Guyenne, l'un de ses hérauts, la lettre, dictée à Poitiers, par laquelle elle les sommait de quitter le royaume de France.

Cette lettre était ainsi conçue[1] :

† Jhésus, Maria †

« Roy d'Angleterre, et vous, duc de Bethfort, qui vous dictes régent le royaulme de France, vous, Guillaume de la Poulle, comte de Sulford ; Jehan, sire de Talbot, et vous, Thomas, sire d'Escales, qui vous dictes lieutenants dudict de Bethfort, faictes rayson au roy du Ciel de son sang royal. Rendés à la Pucelle, cy envoiée de par Dieu, le roy du Ciel, les clés de toutes les bonnes villes que vous avés enforcées. Elle est venue ici de par Dieu, pour réclamer les droicts du sang royal. Elle est toute preste de faire paix, se vous luy vollés faire rayson : par ainsy que vous vollés vuider de France et qu'amendés les domaiges que y avés faicts, et rendés les deniers que vous avés receus de tout temps que l'avés tenu. Et vous tous, archiers, compaignons de guerre, gentilz et autres qui estes devant la ville d'Orliens, alés vous an de par Dieu en vostre païs ; et se ainsy ne le faictes, attendés les nouvelles de la Pucelle qui vous ira veoir briefment à vostre bien grand domaige.

---

[1] L'adresse était : « Au duc de Bethfort, soit disant régent le royaulme de France, ou à ses lieutenans estans devant la ville d'Orliens. »

« Roy d'Angleterre, se ainsy ne le faictes, je suis chief de
guerre et vous asseure qu'en quelque lieu que j'attaindrai vos
gens en France, je les combattray et les chasseray et feray
aller hors, veullent ou non; et se ilz ne veullient obéir, je les
feray tous occire ; et se ilz veullient obéir, je les prendray à
mercy. Je suis cy venue de par Dieu, le roy du Ciel, corps
pour corps, pour vous bouter hors de toute France, encontre
tous ceulx qui vouldraient porter traïson, malengin, ne
domaige au royaulme de France. Et n'aiés point en vostre
oppinion d'y demeurer plus ; car vous ne tiendrés mie le
royaulme de France, de Dieu, le roy du Ciel, fils de saincte
Marie ; ains le tiendra le roy Charles, vray héritier. Car Dieu,
le roy du Ciel, le veut ainssy et luy est révélé par la Pucelle :
lequel entrera à Paris en bonne compaignie. Se vous ne
voulés croire les nouvelles de par Dieu de la Pucelle, je vous
advise que, en quelque lieu que nous vous trouverons, nous
ferrons [1] dedans à horions et si ferons si gros hay, hay, [2] que
encore ha mil années que en France se vous ne faictes raysons.
Et créés fermement que le roy du Ciel trouvera plus de force
à la Pucelle que vous ne luy sauriés mener de tous assaulx
à elle et à ses bonnes gens d'armes ; et adonc verront lesquielx,
auront meilleur droit, du Dieu du Ciel ou de vous.

« Duc de Bethfort, la Pucelle vous prie et vous requiert que
vous ne vous faictes pas destruire : Se vous faictes raison,
encore pourrés vous veoir que les Français feront le plus biau
fait qui oncques fut faict pour la chrétienté. Et faictes responce
se vous voulés faire paix en la cité d'Orliens, où nous espé-
rons être bien brief. Et se ainsi ne le faictes, de vos bien
grans domaiges vous souviengne briefment.

« Escript ce mardy de la semaine saincte.

« DE PAR LA PUCELLE [3]. »

[1] Nous vous battrons, de *ferire* frapper.

[2] *Hay ! Hay !* cri de douleur que poussent ceux qui sont frappés.

[3] Suivant un ancien usage, Jeanne d'Arc scellait ses lettres d'un cheveu
passé dans la cire ; on conserve une de ses lettres ainsi scellée dans les
archives municipales de Riom : ce cheveu est noir. QUICHERAT, v, 147 ;
LECOY DE LA MARCHE, *Le Roi René*, II, 310.

Exaspérés des termes de cette lettre, les Anglais retinrent le héraut et menacèrent la Pucelle de la faire brûler si elle tombait entre leurs mains.

Arrivée à Orléans, Jeanne d'Arc renouvela sa sommation et la fit porter par son second héraut, Ambleville. Comme celui-ci hésitait : « En nom Dieu, lui dit Jeanne d'Arc, ils ne feront aucun mal à toi ni à lui. Tu diras à Talbot qu'il s'arme et je m'armerai aussi, qu'il se trouve devant la ville : s'il me peut prendre qu'il me fasse brûler ; si je le déconfis, qu'il lève le siège et que les Anglais s'en aillent dans leur pays. » Dunois avait eu soin de prévenir les Anglais que s'ils retenaient encore Guyenne et s'ils ne renvoyaient pas Ambleville, il ferait périr les prisonniers. Les Anglais renvoyèrent les deux hérauts, se contentant de répéter qu'ils brûleraient la Pucelle s'ils s'en emparaient.

Les chefs se réunirent chez Dunois. Jeanne voulait attaquer de suite ; Florent d'Illiers et La Hire partageaient son avis. Jean de Gamache, chef de la vénerie du Roi, protestait contre la présence de la Pucelle, disant qu'il ne voulait pas obéir à une femme. On résolut d'attendre l'armée de secours qui devait venir de Blois : Dunois se rendit dans cette ville pour en presser le départ.

Malgré cette décision, La Hire enrageait de ne pas se battre : il se lança avec ses hommes contre les Anglais qui s'étaient avancés jusqu'à Saint-Paterne, les repoussa dans leurs bastilles, et y aurait mis le feu s'il avait eu des fagots : il avait oublié de s'en munir. Il fit crier par toute la ville qu'on lui en apportât ; mais, dans l'intervalle, les Anglais avaient réuni leurs forces et La Hire fut obligé de rentrer dans l'enceinte.

Dans la soirée du 30 avril, Jeanne d'Arc monta sur le boulevard de la Belle-Croix, sur le pont, et envoya à Glacidas, qui se tenait dans les Tourelles, l'ordre de se rendre, lui promettant la vie sauve. Le farouche capitaine lui adressa des injures, renouvela ses menaces et la traita de ribaude. Sans se courroucer, Jeanne lui répondit : « Vous mentez, et malgré vous, bientôt, vous partirez d'ici ; une grande partie de vos gens seront tués, mais vous, vous ne le verrez pas. »

Le dimanche 1er mai, la Pucelle parcourut les rues de la ville, ranimant les courages ; le peuple, ivre d'espérance, se précipitait sur ses pas, la reconduisait dans sa demeure, réclamait sa présence par ses cris, « et forçait l'huis pour la voir, la maison ne désemplissait pas[1] ». — « Jeanne nous exhortait, rapporte Jean Luillier, à espérer en Dieu, et nous assurait que si nous mettions en lui notre espoir et notre confiance, il nous arracherait aux Anglais[2]. »

Des étages supérieurs de l'hôtel du Trésorier du Duché, situé sur un point culminant de la ville, Jeanne avait déjà examiné les bastilles anglaises ; voulant les reconnaitre de plus près, elle sortit à cheval le 2 mai, se promena en dehors du mur d'enceinte ; les ennemis, jadis si empressés à l'attaque, ne bougèrent pas. Jeanne rentra. Dans la soirée, elle se rendit à la cathédrale et assista aux premières vêpres de la fête de l'Invention de la Sainte-Croix. Au moment où elle se retirait, un chanoine, Jean de Mascon, docteur en théologie, l'aborda : « Ma fille, lui dit-il, êtes-vous venue pour lever le siège ? — En nom Dieu, oui, répondit-elle. — Ma fille, dit le sage homme, ils sont forts et bien fortifiés et sera une grande chose à les mettre hors. — Il n'est rien d'impossible à la puissance de Dieu.[3] » Cette puissance surnaturelle, dont Jeanne se savait la déléguée, elle l'invoquait par d'ardentes prières. Tous les jours, quand elle pouvait se soustraire à l'ovation populaire, la jeune fille sortait par la porte du jardin de Jacques Boucher, entrait dans l'église de Saint-Paul, et agenouillée devant l'autel de Notre-Dame des Miracles, elle suppliait la Vierge Marie de lui donner la force d'accomplir sa mission. Le 3 mai, fête de l'Invention de la Sainte-Croix, Jeanne assista avec les Procureurs de la ville à la procession

[1] Le 1er mai, les bourgeois d'Orléans remettent à Dunois 600 livres pour les gens de guerre, en garnison à Orléans. Le 6 mai, ils versent 500 livres pour acquitter quatorze milliers de traits d'arbalètes achetés à Blois par ses ordres. *Quittances aux archives municipales d'Orléans.*

[2] Déposition de Jean Luillier.

[3] BOUCHER DE MOLANDON, *La délivrance d'Orléans et l'institution de la fête du 8 mai*, chronique anonyme du XVe siècle, récemment retrouvée au Vatican et à Saint-Pétersbourg.

solennelle dans laquelle on porta une relique de la Vraie Croix.

Dans la matinée du 4 mai, la Pucelle, accompagnée de Villars, Florent d'Illiers, La Hire et cinq cents combattants, se porta au devant de Dunois, Rais et Sainte-Sévère, qui arrivaient de Blois, amenant des vivres et des munitions envoyées de Bourges, Angers et Tours ; ce convoi entra sans obstacle dans Orléans en passant devant les bastilles ennemies, précédé de Pasquerel, qui portait la bannière ; les Anglais, frappés d'une inexplicable terreur, n'avaient pas osé sortir de leurs forts [1].

Ainsi éclatait le premier signe de la mission de la Pucelle. Elle avait dit aux docteurs à Poitiers : « Nous mettrons des vivres dedans Orléans, à notre aise, et il n'y aura Anglais qui fasse semblant de l'empêcher. »

Vers midi, le même jour, quelques chefs, sans ordres, pour se faire valoir, attaquaient la bastille Saint-Loup, fortifiée récemment par Talbot, et y éprouvaient une résistance opiniâtre. Jeanne d'Arc, rentrée chez le Trésorier, s'était jetée sur un lit. Elle entend un grand bruit : « Mon Dieu, s'écrie-t-elle, le sang de nos gens coule par terre ! Pourquoi ne m'a-t-on pas éveillée plus tôt ! Mes armes, mes armes, mon cheval ! » Elle se fait armer par d'Aulon ; son page est à la porte : « Méchant garçon, qui ne m'a pas dit que le sang de France est répandu ! Allons, vite, mon cheval ! » On le lui amène, on lui passe son étendard par la fenêtre, elle s'élance, court sur le pavé avec une telle rapidité que les étincelles en « saillaient », arrive à la porte Bourgogne, rallie Dunois et quinze cents combattants. On rapportait déjà des blessés ; Jeanne s'émut, s'approcha de l'un d'eux qui paraissait plus dangereusement atteint : « Je n'ai jamais vu de sang français, dit-elle, que les cheveux ne me levassent en sus. » En apercevant la Pucelle, les Français poussent des cris de joie. Pendant trois heures,

---

[1] « Les Anglais distinguaient les traits des chefs, entendaient les chants des prêtres et, frappés d'une terreur inexplicable, ils restaient immobiles. Une stupeur invincible, un silence de mort, régnaient parmi ces mêmes troupes, naguère encore si exaltées par la victoire et si audacieuses dans les combats. » HUME, *Histoire d'Angleterre*.

la bastille est vigoureusement défendue. Talbot et les autres chefs sortent des forts, avec leurs étendards, du camp de Saint-Laurent, et tentent de prendre les assaillants par derrière. Mais le beffroi a averti les Orléanais ; ils s'élancent de toutes parts et se rangent en armes. Le maréchal de Sainte-Sévère se précipite sur Talbot avec six cents combattants et le force à se replier ; la bastille Saint-Loup est emportée, cent vingt Anglais sont tués [1], quarante faits prisonniers, les autres se sauvent ; Jeanne d'Arc, attristée de voir tant de gens mourir sans confession, accorde la vie à plusieurs ennemis qui, cachés sous des habits sacerdotaux, s'étaient réfugiés dans le clocher. La bastille est démolie et brûlée, toutes les cloches de la ville s'ébranlent et sonnent joyeusement le premier carillon de la victoire. Quel retour triomphal ! « A peine Jeanne peut-elle se retirer dans son logis, tout le peuple y accourt pour la contempler, la louer, la congratuler, chacun des assistants crie pêle-mêle d'une joie mêlée de larmes : *Bénite la Pucelle qui vient nous délivrer !* On chante dans toutes les églises des cantiques d'actions de grâces. Les Anglais sont saisis d'épouvante ; ils avaient vu « ravir leurs hommes comme poulets devant l'aigle et leur fort consumé en peu de temps comme d'un feu du ciel [2] ».

Le jeudi 5 mai, fête de l'Ascension, les armées firent trève.

Les chefs, Dunois, Sainte-Sévère, Rais, Gaucourt, Xaintrailles, Villars et La Hire, auxquels s'étaient joints des bourgeois d'Orléans, se réunirent chez le Chancelier du Duché [3]. Ils convinrent de porter l'assaut sur la rive gauche afin de rétablir les communications avec les pays fidèles au roi, mais de faire d'abord une démonstration sur la bastille Saint-Laurent pour y attirer les forces de l'ennemi. Jeanne d'Arc n'assistait pas à ce conseil ; on l'envoya chercher par le sire Ambroise de Loré [4], après avoir décidé de dissimuler à la Pucelle que l'attaque du fort Saint-Laurent ne serait qu'acces-

[1] *Chronique du Siège.*
[2] *Note de Guillaume Girault*, QUICHERAT, IV, 282.
[3] JEAN CHARTIER, *Chronique.* QUICHERAT, IV, 52.
[4] Chevalier manceau, accompagna la Pucelle de Chinon à Orléans, prit part à l'assaut des Tourelles.

soire, dans le but de couvrir l'assaut des bastilles de la rive gauche. Les chefs craignaient que Jeanne d'Arc ne divulguât le plan résolu ! Aussi le projet ne reçut pas son approbation : elle pensait qu'il fallait concentrer ses forces, porter toute l'action sur la rive gauche et attaquer la bastille des Augustins. Jeanne était très courroucée, elle allait et venait dans la salle, refusant de s'asseoir : « Dites ce que vous avez conclut et appointié, s'écriait-elle, je celeroie bien plus grande chose que ceste cy. » Il fallut que Dunois l'apaisât, l'assurant qu'elle s'était emportée trop tôt, qu'on ne pouvait pas tout dire à la fois, que l'attaque du fort Saint-Laurent n'était qu'une *feinte*, et que les chefs avaient toujours la résolution de passer la Loire « pour besongner si les Anglais dégarnissent leur fort pour aider la grande bastille de Saint-Laurent. » Jeanne approuva alors ce projet, on paraissait aussi se rendre à ses avis [1].

Elle se prépara à la journée du lendemain en se confessant et fit publier dans la ville que personne ne fût assez hardi pour aller à l'attaque des bastions sans s'être confessé, parce que « pour punir le péché des hommes Dieu permet souvent la perte des batailles ». En même temps, pour la troisième fois, elle sommait les Anglais de se rendre.

Le lendemain, 6 mai, Jeanne d'Arc se lève de bonne heure, elle entend la messe, communie avec grande dévotion : c'était, disaient ses confesseurs, une vraie créature de Dieu. Elle parcourt la ville, enflamme les courages. Arrivée à la porte Bourgogne, elle la trouve fermée, Gaucourt en a donné l'ordre, le peuple demande qu'on l'ouvre. « Vous êtes un méchant homme, s'écrie Jeanne, mais que vous le veuilliez ou non, les gens d'armes viendront et gagneront aujourd'hui comme ils ont déjà gagné. » On se jette sur Gaucourt, qui faillit être tué : la porte Bourgogne est forcée [2]. Les bourgeois, électrisés, pressent la Pucelle d'accomplir la mission qu'elle a reçue de Dieu : « En nom Dieu, je le ferai, s'écrie-t-elle, qui m'aime

---

[1] JEAN CHARTIER. QUICHERAT, 59.

[2] *Procès de réhabilitation* : Déposition de Simon Charles, maître des requêtes. MANTELLIER, *Le Siège et la Délivrance d'Orléans*, p. 69.

me suive ! » Jeanne fait passer son armée, composée de quatre mille hommes, dans l'île aux Toiles, en face de Saint-Aignan, séparée seulement par un canal très étroit de la turcie de Saint-Jean-le-Blanc. Attaqués violemment, les Anglais n'ont pas le temps de prendre les armes ; poursuivis par la Pucelle, ils se réfugient dans la bastille des Augustins et le fort des Tourelles. Jeanne plante son étendard sur la première palissade du boulevard qui couvre les approches de la bastille des Augustins et donne le signal de l'assaut. Mais, au même moment, les Anglais accourent en masse du fort Saint-Pryvé, situé de l'autre côté des Tourelles, ils sortent aussi des Augustins et des Tourelles. Craignant de se trouver entre deux feux, les Français, pris de panique, s'enfuient, battent en retraite et veulent repasser la Loire. Jeanne les rallie dans l'île, traverse ensuite le bras du fleuve avec La Hire, dans une petite barque, traînant les chevaux par la bride. « Courons sur les Anglais ! s'écrie-t-elle. » Les Français reviennent au combat, passent à gué tout armés, ayant de l'eau jusqu'aux aisselles. Pour la seconde fois, Jeanne plante son étendard sur le fossé du boulevard ; le sire de Rais la rejoint avec ses hommes ; le canon de maître Jean tue un chef anglais, d'énorme stature, qui frappait avec tant de fureur d'estoc et de taille que personne n'osait approcher, renverse la troupe qui défend la barricade et ouvre une brèche par laquelle les Français se précipitent et se battent corps à corps. Rais et Alphonse de Partada, capitaine espagnol d'un remarquable courage, donnent l'assaut, la bastille est emportée, on délivre les Français retenus prisonniers, on s'empare des richesses et des vivres que les Anglais y avaient amassés, puis on incendie le fort.

Jeanne d'Arc voulait passer la nuit sur le lieu du combat, mais elle s'était foulé le pied dans une chausse-trape ; la fatigue l'accable, on l'oblige à rentrer dans la ville. Une partie des troupes resta en observation et pendant la nuit les habitants d'Orléans leur portèrent des vivres.

Suivant les principes militaires, Jeanne d'Arc désirait profiter du désarroi des Anglais pour les écraser. Les chefs hésitaient, ils préféraient attendre de nouveaux renforts et

donner l'assaut à une des bastilles de la rive droite. Ils espé-
raient que, pour la secourir, les Anglais dégarniraient les
Tourelles et qu'on s'en emparerait plus facilement, sans
courir les périls du combat qui venait de leur livrer la bastille
des Augustins. Sans cette diversion, les gens de guerre esti-
maient qu'il faudrait un mois pour s'emparer des Tourelles !!
Ne pouvait-on pas craindre, en outre, que si on recommençait
à porter toutes ses forces sur les Tourelles, les Anglais n'en
profitassent pour entrer dans la ville et s'en emparer ? Cet
avis était prudent et on ne peut pas blâmer Dunois et les
autres de s'y être arrêtés.

Pendant que Jeanne d'Arc soupait, un notable chevalier lui
fit part de ces hésitations. « Vous avez été à votre conseil, lui
dit Jeanne, j'ai été au mien, et croyez que le conseil de
messire tiendra et sera entièrement exécuté, et que le conseil
de vos chefs périra. » Jeanne reçut ensuite les Procureurs de
ville, qui la supplièrent de ne pas retarder la fin du siège et
d'accomplir la charge qu'elle a de Dieu et du roi. Jeanne leur
répondit que le lendemain elle attaquera les Tourelles, les
prendra et retournera en ville par le pont. Puis, se tournant
vers Pasquerel, elle lui dit : « Levez-vous de bonne heure, car
vous aurez plus à faire qu'aujourd'huy, et agissez du mieux
que vous pourrez. Tenez-vous toujours à mon côté, parce que
demain j'aurai plus à faire et de plus grandes choses que je
n'ai jamais fait. Oui, demain, il sortira du sang de mon corps,
au-dessous du sein. [1] »

Avant le jour, Jeanne d'Arc est debout et parcourt la ville ;
elle s'assure que les bourgeois partagent sa confiance ; tous
préfèrent son avis à ceux des gens de guerre qui, depuis
sept mois, n'ont pu les délivrer ; le peuple la sait envoyée de
Dieu, il marchera sur ses pas. On décide que pendant que la

---

[1] Déposition de Jean Pasquerel. — Elle avait déjà prédit cette blessure
à Chinon devant le roi. Cette prédiction a été consignée dans un registre
de la Chambre des comptes de Brabant par le greffier de la Cour comme
renseignement contenu dans une lettre qui avait été écrite de Lyon, quinze
jours avant l'événement, par le seigneur de Rostelaër, qui tenait le duc
de Brabant au courant de ce qui se passait à la Cour de France. QUICHE-
RAT, *Procès* IV, pp. 425 et 426. ID., *Aperçus nouveaux*, pp. 61, 75, 77.

Pucelle se portera sur la rive gauche, les habitants attaque-
ront du fort de la Belle-Croix ; on conduit, sous l'arche du
pont qui sépare les Tourelles du boulevard, un bateau chargé
de fagots engraissés d'huile et de résine, et dix livres de
poudre à canon dissimulées sous une toile [1]. Jeanne revient à
son logis, son hôte veut la retenir : « Restez avec nous pour
manger cette alose qu'on vient de nous apporter. — Gardez-la
pour souper, répond-elle, je reviendrai ce soir sur le pont de la
ville et vous ramènerai quelque *Godon* pour en manger sa part. »

La bastille des Tourelles, puissamment édifiée, était défendue par Glacidas et la fleur des chevaliers de l'Angleterre.

La Pucelle passe la rivière, tous les chevaliers de France la
suivent. La lutte commence entre six et sept heures du matin,
elle est terrible : les assauts sont repoussés, les échelles ren-
versées, les assaillants assommés par des maillets de plomb,
percés par la lance, mutilés à coups de hache, jetés dans les
fossés ; le canon éclaircit leurs rangs. Vers midi, la Pucelle
s'aperçoit que les Français paraissent las de la résistance
qu'ils éprouvent, elle prend une échelle, l'applique contre le
rempart et y monte la première : un trait la frappe, pénètre
entre le cou et l'épaule et ressort de la blessure d'un demi-
pied. Le sire de Gamache, qui a fini par admirer celle dont il
raillait l'héroïsme, saisit Jeanne, la défend avec sa hache,
l'arrache aux Anglais et l'emporte.

Dunois voyant l'ardeur faiblir, les Français quatre fois
repoussés, veut différer l'assaut et fait sonner la retraite. Sous
l'empire de la douleur, Jeanne a d'abord été saisie d'effroi,
mais ses Saintes l'ont consolée, elle surmonte sa souffrance,
arrache la flèche ; le sang coule en abondance, on applique sur
la blessure un bandage avec de l'huile et du vieux lard. La
Pucelle se retire un instant dans une vigne voisine, elle se met
en prières. Puis, apercevant flotter son étendard remis à son
écuyer, elle remonte à cheval, saisit son étendard, le lève à
la vue des Français en criant : « Quand vous verrez la queue

---

[1] D'après les comptes de la ville, on avait préparé 98 livres d'huile
d'olive, 89 livres de poix noire, 32 livres de soufre, 15 livres de résine,
10 livres de poudre à canon.

de mon étendard toucher à la muraille, avancez ; tout est vôtre et y entrez ! » Les Anglais, qui la croyaient morte, reculent épouvantés ; « les Français se ruent à l'assaut comme s'ils eussent été immortels ».

Les Orléanais, embusqués sur le boulevard de la Belle-Croix, canonnaient les Tourelles depuis le matin. Les habitants se précipitent sur le pont, jettent une vieille gouttière sur les arches rompues ; elle n'est pas assez longue, un charpentier l'étaie et en fait un pont sur lequel se hasarde Nicolas de Giresme et plusieurs hommes d'armes. Pris entre deux feux, les Anglais ne savent comment échapper, ils commencent d'ailleurs à manquer de poudre. Glacidas, désespéré, veut abandonner le boulevard et se retirer dans le fort des Tourelles. « Rends-toi au roi du ciel, lui crie Jeanne d'Arc, tu m'as vilainement injuriée, mais j'ai pitié de ton âme et de celle des tiens ! » Glacidas court au pont-levis : au même moment, une bombarde le brise, une fusée met le feu au bateau chargé de combustibles, il s'enflamme, l'incendie embrase le pont, Glacidas est précipité dans la Loire. [1]

Après un combat qui dura treize heures, les Français entrèrent enfin dans le fort; sur huit cents Anglais qui défendaient les Tourelles, deux cents à peine restaient et furent faits prisonniers. Le pont est rétabli, Jeanne y passe triomphante.

---

[1] « Et despuis fut pesché et fut dépecé par quartiers et bollu et embasmé et apporté à Saint-Merry, et fut huit ou dix jours en la chapelle devant le cellier; et nuit et jour ardoient devant son corps quatre cierges ou torches, et après fut emporté en son pays pour enterrer. » *Journal d'un bourgeois de Paris, édition Buchon.* p. 679.

Le siège d'Orléans coûta aux Anglais environ 200.000 livres tournois. JARRY, *Le compte de l'armée anglaise au siège d'Orléans.* Mém. de la Société arch. de l'Orléanais, XXIII, p. 488. M. Vallet de Viriville, II, 39, estime la dépense à 40.000 livres par mois.

« L'un des prisonniers anglais assura qu'à lui et à tous les autres Anglais des Tourelles et des autres boulevards qui étaient à l'entour, il semblait, quand on les assaillait, qu'ils voyaient tant de peuple qu'à leur avis tout le monde était là assemblé. » JOURNAL DU SIÈGE. D'autres racontèrent qu'il leur avait semblé voir dans les airs des jeunes gens d'une éclatante beauté montés sur des chevaux blancs ; l'archange Michel lui-même leur avait apparu marchant sur le pont à la tête des Français. GUIDO GOERRES, *Jeanne d'Arc d'après les chroniques contemporaines,* XVIII, 161.

Suivant sa prédiction, elle a été blessée, mais, comme elle l'a aussi annoncé, elle a remporté la victoire et rentre à Orléans en faisant flotter sur le pont son étendard couvert de gloire.

Assiégée depuis sept mois, Orléans est délivrée en sept jours. Trois combats ont suffi à l'héroïne pour chasser les Anglais.

VI

Le Triomphe

Les Anglais avaient perdu les bastilles de Saint-Loup, de Saint-Jean-le-Blanc, des Augustins et des Tourelles. Ils comprirent qu'ils ne pourraient défendre les autres et les évacuèrent pendant la nuit. Le dimanche, dès le matin, ils se réunirent dans leur camp, sous le fort Saint-Laurent, et y restèrent le temps nécessaire pour permettre aux conducteurs de leurs charriots d'arriver à Meung. Rangés en face de l'armée anglaise, les Français voulaient l'attaquer, mais la Pucelle l'interdit ; elle fit dresser devant la Porte Renart un autel où deux messes furent célébrées à la vue de l'ennemi[1].

Pendant que l'armée anglaise se retire ainsi par la route de Châteaudun, le dimanche 8 mai, fête de l'apparition de saint Michel[2], des actions de grâces s'élèvent vers Dieu dans les églises d'Orléans. Une procession solennelle se rend à Notre-Dame-des-Miracles, à Saint-Paul, elle passe sur le pont délabré, sous les voûtes des Tourelles à demi-détruites. Jeanne d'Arc marche en tête, portant sur son corps virginal blessé les stigmates de la patrie : sa blessure ne lui ayant pas permis de reprendre son armure, elle est vêtue d'un simple jaseran ; Dunois, les capitaines, les officiers du duc, les procureurs de la ville, les bourgeois d'Orléans l'accompagnent. Un premier discours sur la *Délivrance* fut prononcé dans le cloître de Sainte-Croix par le Fr. Louis de Rucheville, prieur du couvent des Augustins.

[1] Déposition de Jean de Champeaux, bourgeois d'Orléans.

[2] 8 mai 493, apparition de saint Michel sur le mont Gargan, dans la Pouille.

La divinité de la mission de la Pucelle brillait d'un éclat qui éblouissait tous les esprits. Dieu avait communiqué à cette jeune fille de dix-sept ans les talents d'un général consommé ; « elle en avait à la fois la prudence et l'audace, les coups décisifs, les manœuvres savantes, les illuminations soudaines, avec ce je ne sais quel élan qui est du soldat d'aujourd'hui plus que du général, mais qui était alors autant du général que du soldat [1]. » « Elle était très expérimentée, dit Aignan Viole, avocat au Parlement, dans l'art de dresser une armée en bataille ; un capitaine, nourri et élevé dans l'art de la guerre, n'aurait su agir avec autant de science ; tous les capitaines étaient émerveillés [2]. Elle montait à cheval et courait une lance comme l'eût fait le meilleur cavalier, tout le monde était dans l'admiration [3]. — Pour les choses de la guerre, dit le duc d'Alençon, porter les armes, réunir une armée, prendre des dispositions pour l'attaque, diriger l'artillerie, elle était fort entendue ; tous admiraient qu'elle pût agir avec tant de sagesse et de prévoyance, comme l'eût fait un capitaine qui eût guerroyé pendant vingt ou trente ans ; c'était surtout dans la manière de se servir de l'artillerie qu'elle était admirable [4]. » Un bourgeois d'Orléans, Jean Luillier, résume l'impression des habitants en ces termes : « L'opinion de tous dans la cité est que ç'a été à l'intervention de la Pucelle et non à la puissance des armes qu'a été due la délivrance ; si Jeanne n'était pas venue à notre secours de la part de Dieu, nous aurions été bientôt, la ville et les habitants, au pouvoir et aux mains des assiégeants [5]. »

Aussi, avec quel enthousiasme les Orléanais admirent l'héroïne lorsqu'elle s'agenouille devant l'autel, remerciant Dieu dont elle a été l'instrument. Les Procureurs de ville la

[1] Bougaud, *Panégyrique*, 8 mai 1865.

[2] Déposition d'Aignan Viole, avocat en Parlement.

[3] Déposition de Marguerite La Touroulde, épouse de René de Bouligny, trésorier du Roi.

[4] Déposition du duc d'Alençon.

[5] Déposition de Jean Luillier.

comblent de présents, ils veulent la retenir, mais le service du Roi l'appelle [1].

Laissez-les partir, avait dit Jeanne d'Arc, en montrant les Anglais rangés devant le camp de Saint-Laurent. Mais les farouches ennemis ne veulent pas retourner dans leur île; aussi, bientôt elle les pourchassera de nouveau, les battra à Jargeau, à Patay, fera prisonniers Suffolk et Talbot, s'emparera de Beaugency, Meung, Troyes, et fera sacrer le Roi à Reims : son étendard se déploiera dans la cathédrale pour

---

[1] Le duc d'Orléans offrit à la Pucelle une robe de fin drap de Bruxelles, couleur vermeille, et une huque ou robe courte d'étoffe vert *perdu*, coûtant 13 écus d'or. La ville lui fit présent d'une demi-aune de deux *vers* pour faire les *orties* de ses robes. Les différentes nuances de vert furent successivement adoptées pour l'une des couleurs de la maison d'Orléans, le vert *gai* ou clair, du temps du duc Louis; le vert *brun* après sa mort; le vert *perdu*, tirant sur le noir, en signe de deuil pendant la captivité du duc Charles. La Pucelle borda ses robes d'une garniture qui rappelait la livrée du duc; les *orties* disposées en bordures faisaient partie de la livrée de Charles d'Orléans.

EXTRAIT DES CÉDULES ORIGINALES, *dites Comptes de forteresse*, DE LA VILLE D'ORLÉANS :

A Jehan Vollent, pour demi-muy d'avoine donné à Jehanne la Pucelle, 108 livres parisis.

A Jaquet Leprestre, pour VII pintes de vin présentées à Jehanne la Pucelle le premier jour de may, à 2 sols la pinte, vallent 14 s. parisis.

A Raoulet de Recourt, pour une alouse présentée à la Pucelle le III⁰ de may, 20 s. p.

A Jehan Lecamus, pour don à trois compaignons qui estoient venus trouver Jehanne et n'avoient quoy mangier, 4 s, p.

A Jaquet Compaing, pour demy-aulne de deux vers achecté pour faire les orties des robes à la Pucelle, 35 s. p.

Pour ceulx qui portèrent les torches de la ville à la procession du III⁰ de may derrenier présens Jehanne la Pucelle et autres chiefz de guerre, pour implorer Nostre-Seigneur pour la délivrance de la dicte ville d'Orléans; pour ce, 2 s. p.

A Guyot Lebrun, sellier, pour l'achat d'un bast à bahu et pour ung bahu, screure, couroies, sangle et pour toiles pour le guernir par dedans, sous la couverture, donné à Jehanne la Pucelle; pour tout, 76 s. p.

A Jehan Pillas, pour despence faicte en son hostel pour les chevaulx de Jehanne la Pucelle, laquelle a esté ordonné paier; pour ce, 20 l. p.

A Jaques Bouchier, trésorier, pour certaine quantité de picz et pelles baillées en la chambre de la ville dont il demandoit 11 livres tournois qu'il avoit pour ce paiez, et pour aucune despence faicte par Jehanne la Pucelle en son hostel, et pour l'amendement d'environ 20 francs de

protéger la royauté renaissante. Le Roi l'anoblira, ainsi que ses frères et leur postérité masculine et féminine[1]. Les Anglais trembleront dans Londres, les archers et les gens d'armes se cacheront pour n'être pas obligés, malgré des édits sévères, de porter les armes en France : « ils fuiront comme les abeilles chassées par la fumée[2]. » Bedford, ne se croyant pas en sûreté à Paris, se retirera dans le château de Vincennes. Puis, après des alternatives diverses, livrée par trahison, vendue lâchement aux Anglais[3], Jeanne d'Arc sera brûlée à Rouen, retournant vers Dieu, comme ravie dans un char de feu, avec la triple palme de la virginité, de la victoire et du martyre. Devant ses juges, elle proclamera de nouveau sa mission : « J'étais bien sûre de lever le siège d'Orléans, j'en avais la révélation, je l'avais dit au Roi avant de venir[4]. »

monnoie qu'il avoit baillez en bois et aux charpentiers pour la ville; pour tout ce, 30 l. p.

A Jehan Morchoasne, pour argent baillé à Thevenon Villedart, pour la despence que ont faicte en son hostel les frères de la Pucelle, 6 l. 8 s. p.

A lui pour argent baillé ausditz frères, pour don à eulx fait, 3 escuz d'or qui ont cousté chacun 64 s. p., valent 9 l. 12 s. p.

A Jehan, frère de la Pucelle, pour don à lui fait par la ville pour lui aidier à vivre et soustenir son estat, 40 l. p.

A Charlot Lelong, pour trois peres de houseaux et trois peres de soullers, deubz à lui pour les frères de la Pucelle, 72 s. p.

Bibliothèque d'Orléans, liasse I, pieces 4, 5, 14, 16 ; liasse II, p. 47.

Quicherat, V, 259 et 260.

[1] Lettres patentes de Charles VII, du mois de décembre 1429, anoblissant Jeanne d'Arc et ses frères, ainsi que leur postérité masculine et féminine, avec ces armes : *D'azur à une épée d'argent en pal, croisetlée, pommelee et empoignée d'or, soutenant de la pointe une couronne d'or costoyée de deux fleurs de lys de même.*

Les frères de la Pucelle prirent le nom de *Du Lys,* d'où ce distique :

Lilia servavi, mihi dant hinc Lilia nomen,
Lilia nobilitant meque meamque domum.

Shakespeare, Henri VI, acte 1er, sc. 5.

[3] Elle fut vendue 10.000 livres tournois (73.500 fr.), somme au prix de laquelle, selon la coutume de France, le Roi avait le droit de se faire remettre tout prisonnier.

Sommation de Pierre Cauchon, évêque de Beauvais, au duc de Bourgogne et à Jean de Luxembourg, 26 mai 1430.

Quicherat, I, 13 ; V, 179, 192.

Lottin, *Recherches sur Orléans*, I, 256.

[4] *Procès de Jeanne d'Arc,* quatrième interrogatoire public, 27 février.

La vaillance des habitants d'Orléans permit de prolonger la résistance ; leurs noms, consignés dans une liste d'honneur [1], sont venus jusqu'à nous, entourés du respect de ceux qu'ils ont préservés du joug de l'étranger. Mais la délivrance n'est due qu'à Dieu : « La grâce de Dieu, écrivait quelques jours après la levée du siège, le 14 mai 1429, Gerson, revenu de l'exil et retiré à Lyon, la grâce de Dieu a éclaté dans cette

---

[1] Guillaume ACARIE, procureur de ville en 1425, dont la famille a été illustrée par la Bienheureuse Marie de l'Incarnation, réformatrice du Carmel ; Gabriel BAGUENAULT, dont sont issus deux maires d'Orléans, représenté actuellement par le comte Baguenault de Puchesse, président de la Société archéologique de l'Orléanais ; Simon DE BAUGENET, tué, à l'escarmouche de Saint-Jean de la Ruelle, d'un trait qui pénétra dans sa gorge ; Girard et Guillot BOILLÈVE, descendants du prévôt de Paris sous saint Louis et dont la famille s'est répandue en Anjou et en Orléanais ; Guillaume BEAUHARNAIS, arrière grand-père du prince Eugène, dont les descendants portèrent depuis le titre de ducs de Leuchtenberg ; Jacques BOUCHER, seigneur de Mézières, Guilleville et Appoigny, trésorier du duché d'Orléans ; Guillaume LE BERRUYER, dont la postérité s'est alliée aux de l'Aubespine, Bochetel, Jacques Cœur ; Alain DU BEY, prévôt d'Orléans, mort, le 17 mars, des fatigues du siège ; Guy DE CAILLY, seigneur de Reuilly où il reçut la Pucelle, anobli en 1419 ; Jacques COMPAING, procureur de ville, anobli en 1430 : Guillot COLAS, époux de Catherine de Troye, dont la famille a donné sept maires à la ville d'Orléans, des conseillers au Parlement, des députés aux États-Généraux, représentée aujourd'hui par les Colas des Francs, de Brouville, de Malmusse, de la Noue ; Guillaume DURANT ; Jacques DE LOYNES, dont la famille a donné deux maires à la ville d'Orléans et s'est divisée en plusieurs branches : d'Autroche, de Gautray, d'Estrées, de Fumichon, du Houlley ; Guillaume GIRAULT, notaire, qui consigna les actes du siège sur son registre notarial ; Jehan HUE, dont sont issus les marquis de Miromesnil ; Hervé LORENS, lieutenant général ; Étienne LADMIRAULT ; Guillaume LE MAIRE ; Jean LUILLIER, riche négociant de la cité chargé de choisir des étoffes de prix pour confectionner un vêtement pour la Pucelle, procureur de ville en 1431, 1447, 1459, beau-frère du trésorier du duché et créé chevalier par Charles VII au sacre de Reims ; Jean OGIER, dont descendent les Ogier d'Ivry et de Baulny ; Guillaume et Colin ROUSSEAU ; Aignan DE SAINT-MESMIN, procureur de ville, anobli en 1460 ; Jehan TASSIN, qui, d'après la tradition, commandait une des portes quand Jeanne d'Arc vint le relever de garde, famille divisée en nombreuses branches : Tassin de Charsonville, de Moncourt, de Montaigu, de Beaumont, de Messilly, de Villepion, vicomtes de Nonneville ; Jehan DE TROYE, procureur de ville en 1431 ; Sevestre DE THOU, époux de Perrette Compaing, ancêtre du président du Parlement de Paris ; etc., etc.

DUBOIS, *Histoire du siège d'Orléans*, p. 422 et suiv.

LOTTIN, *Recherches sur Orléans*, I, 242 et suiv.

MANTELLIER, *Le Siège et la délivrance d'Orléans*, p. 134 et suiv.

Pucelle, c'est Dieu qui a fait cela. *Gratia Dei ostensa est in hâc puellâ, à Domino factum est istud* [1]. »

Unissons nos vœux à ceux que formait en 1867 l'illustre évêque d'Angers, Mgr Freppel [2], lorsqu'en prononçant, dans la cathédrale d'Orléans, le panégyrique de l'héroïne, il souhaitait que l'Église la plaçât sur les autels. Son culte éclairera nos revers d'un rayon de gloire, il fléchira Dieu dont le bras délivrera nos provinces perdues et relèvera la patrie en lui rendant la victoire.

[1] *Gersonis opera*, IV, p. 862.

« A qui l'attribuer, sinon à celui qui peut faire tomber une grande foule sous les coups de quelques hommes, et pour qui le salut d'un grand nombre ne présente pas plus de difficultés que le salut d'un petit nombre. C'est donc à vous, mon Dieu, Roi de tous les Rois, que je rends grâce d'avoir humilié le superbe en le brisant, et d'avoir maîtrisé nos adversaires par la force de votre bras. » *Témoignage contemporain du siège, 17 juillet 1429 :* Bibliothèque de l'École des Chartes, tome XLVI, 1885, p. 649-668.

« Mais tout cela est fait par Dieu qui la mène. » Christine de Pisan.

[2] Freppel, *Panégyrique*, 8 mai 1867.

« Sa gloire était parvenue au-dessus de toutes les gloires, était surtout d'une autre nature que toute autre gloire, de même que sa sainteté était, aux yeux du peuple, autre que la sainteté ordinaire ; c'était la sainteté d'un être descendu du Ciel, plutôt que d'un être qui lutte pour le gagner. Le peuple se crut gouverné directement par le Ciel ; par elle transporté dans un autre monde, il vécut dans le surhumain comme dans son atmosphère naturelle. » Henri Martin, *Jeanne d'Arc*, Paris, Furne, 1857, p. 103.

Charles VII donna comme armes à la ville d'Orléans trois cœurs de lys : Scaliger a fait ce distique :

Non potuit magni caput esse Aurelia regni,
Ergo, quod reliquum est, cor animus que fuit.

« On dit qu'un reflet de Jeanne d'Arc passe sur le front de vos filles et y imprime je ne sais quelle modeste et suave dignité. » Mgr Mermillod. *Panégyrique*, 8 mai 1863.

Sur le Portrait de Jeanne d'Arc :

Peux-tu bien accorder, Vierge du Ciel chérie,
Cet air plein de douceur et ce glaive irrité ?
— Mon regard attendri caresse ma patrie,
Et ce glaive en fureur lui rend sa liberté.

Mlle de Gournay.

TABLE DES MATIÈRES

———

═══════════

Angers, imp. Germain et G. Grassin. — 107-96.

BRITISH
28 AU 96
MUSEUM

ŒUVRES DU MÊME AUTEUR

De la propriété des sources. — Paris, Marescq, 1855,
in-8°. 1 50

Du prêt à intérêt *en Grèce, à Rome, en Judée, dans le
droit canonique, le droit barbare et les coutumes féodales, etc.*
Suivi d'une étude sur les législations étrangères. — Paris,
Durand et Pedone-Lauriel, 1867, in-8° . . . . 3 »

De l'organisation de la famille. *Discours prononcé à
l'audience solennelle de rentrée de la Cour d'appel d'Angers
du 4 novembre 1878.*

Un précurseur de l'enseignement. **L'abbé de Portmo-
rant.** — Orléans, Herluison, 1891, in-8° . . . . 2 »

Un ligueur. **Le comte de la Fère.** — Paris, Lechevalier,
1892, in-8° . . . . 5 »

Lightning Source UK Ltd.
Milton Keynes UK
UKOW04f1857070217

293859UK00009B/416/P

9 781241 768256